JAYA PRAKASH P
SUNIL KUMAR REDDY S

COMBUSTÍVEIS ALTERNATIVOS

JAYA PRAKASH P
SUNIL KUMAR REDDY S

COMBUSTÍVEIS ALTERNATIVOS

INVESTIGAÇÃO EXPERIMENTAL SOBRE O PISTÃO RHOMBUS GROOVED COM BIODIESEL DE JATROPHA E NANO FLUIDO DE Al2O3

ScienciaScripts

Imprint

Any brand names and product names mentioned in this book are subject to trademark, brand or patent protection and are trademarks or registered trademarks of their respective holders. The use of brand names, product names, common names, trade names, product descriptions etc. even without a particular marking in this work is in no way to be construed to mean that such names may be regarded as unrestricted in respect of trademark and brand protection legislation and could thus be used by anyone.

Cover image: www.ingimage.com

This book is a translation from the original published under ISBN 978-620-7-48678-6.

Publisher:
Sciencia Scripts
is a trademark of
Dodo Books Indian Ocean Ltd. and OmniScriptum S.R.L publishing group

120 High Road, East Finchley, London, N2 9ED, United Kingdom
Str. Armeneasca 28/1, office 1, Chisinau MD-2012, Republic of Moldova, Europe
Printed at: see last page
ISBN: 978-620-8-09592-5

ÍNDICE

RESUMO

O consumo e a procura de produtos petrolíferos estão a aumentar de dia para dia com o aumento do número de veículos e da urbanização. Assim, para diminuir o consumo e as emissões de produtos petrolíferos, os investigadores estão à procura de combustíveis alternativos. São analisados vários tipos de biodiesel e, entre eles, o biodiesel de Jatropha desempenhará um papel vital na substituição do gasóleo, uma vez que a planta de Jatropha cresce em quaisquer condições ambientais e, com pequenas alterações no motor, é possível utilizar facilmente a Jatropha como combustível no motor a gasóleo. Como a Índia é um país agrícola, se os agricultores cultivarem plantas de Jatropha, será muito útil para os agricultores e também para a nossa economia indiana

Muitos investigadores experimentaram a Jatropha como substituto do gasóleo e confirmaram que, com pequenas alterações no motor, a eficiência do motor a gasóleo pode ser melhorada marginalmente. Mas, devido à maior viscosidade do pinhão-manso, a sua capacidade de escoamento é menor, o que constitui o principal inconveniente para aumentar a eficiência do motor. Para ultrapassar este problema de fluxo, no presente trabalho está planeado trabalhar com nanofluidos. Além disso, está planeado trabalhar com B20, variando a proporção de nanofluidos de Al_2O_3 (50, 100 e 150 ppm) com uma mistura de biodiesel de pinhão-manso. O desempenho é registado e está representado nos gráficos.

O desempenho do motor depende principalmente da combustão e do calor disponível na câmara. Além disso, confirma-se que o desempenho do motor pode ser melhorado com a inserção do pistão ranhurado na câmara de combustão com várias proporções de nanofluidos. Neste trabalho experimental, foi efectuado o cálculo do desempenho e das emissões de um motor diesel DI de um cilindro com biodiesel de Jatropha como combustível, variando a proporção de nanofluidos, e também foi feita a comparação do desempenho e das emissões do motor com o pistão normal (pistão de alumínio) com o pistão substituído (pistão RGP6).

CAPÍTULO 1 INTRODUÇÃO

Os motores de ignição por compressão são utilizados sobretudo no domínio dos transportes pesados e da agricultura, devido à sua maior eficiência térmica e durabilidade. No entanto, os motores diesel são os principais responsáveis pelas emissões de óxidos de azoto, de carbono e de partículas. Por conseguinte, são impostas normas rigorosas em matéria de emissões de gases de escape. Com a crise energética mundial e as normas de emissão cada vez mais rigorosas, a procura de combustíveis alternativos renováveis intensificou-se.

1.1 Necessidade de combustíveis alternativos:

O consumo e a procura de produtos petrolíferos estão a aumentar de dia para dia com o aumento do número de veículos e da urbanização. Ao utilizar os produtos petrolíferos, as emissões também aumentam enormemente, o que é um aspeto importante para o aquecimento global no mundo. Assim, para diminuir o aquecimento global, o consumo de produtos petrolíferos deve ser reduzido. Por isso, os investigadores estão à procura de combustíveis alternativos, que devem ter as seguintes caraterísticas

1.   Baixo custo

2.   Facilidade de disponibilidade

3.   O transporte é fácil

4.   Alto poder calorífico

5.   Deve ser produzido pelos agricultores

6.   Deve ser renovável

São analisados vários tipos de biodiesel e, entre eles, o biodiesel de pinhão-manso desempenha um papel vital na substituição do gasóleo devido às suas caraterísticas, e a principal vantagem do óleo de pinhão-manso é que pode ser facilmente obtido, porque a planta de pinhão-manso cresce em quaisquer condições ambientais e, com pequenas alterações no motor, pode facilmente utilizar-se o biodiesel de pinhão-manso como combustível no motor a gasóleo. Como a Índia é um país agrícola, se os agricultores cultivarem plantas de Jatropha, será muito útil para os agricultores e também para a nossa economia indiana.

1.2 Produção de óleo de Jatropha:

Para efeitos de extração do óleo de pinhão-manso, são cultivados os cruces de pinhão-manso. Os cachos são a fonte primária para a extração do óleo. As sementes de Jatropha são tóxicas, não são utilizadas pelo homem. O principal objetivo da cultura da Jatropha é, portanto, a extração do óleo de Jatropha. As sementes de Jatropha crus têm a seguinte composição química **Composições químicas:**

1. Humidade: 6,20%
2. Proteína: 18,00%
3. Gordura: 38,00%
4. Hidratos de carbono: 17.00%
5. Fibra: 15,50%
6. Cinzas: 5,30%

O teor de óleo da semente é de 25-30%. O óleo contém 21% de ácidos gordos saturados e 79% de ácidos gordos insaturados. Devido à presença de elementos químicos venenosos, as cruces de Jatropha não são utilizadas para consumo humano. O óleo tem um valor de saponificação muito elevado e é muito utilizado para fazer sabão em alguns países. O óleo de pinhão-manso é utilizado como iluminante em candeeiros, porque arde sem emitir fumo, e também é utilizado como combustível em fogões a querosene. O bagaço de óleo de Jatropha cruces é rico em azoto, fósforo e potássio e pode ser utilizado como adubo orgânico. Através do processo de conversão termodinâmica, a pirólise, podem ser obtidos produtos úteis a partir do bagaço de óleo de pinhão-manso nos estados líquido, sólido (carvão) e gasoso. Os produtos líquidos são utilizados como combustível em fornos e caldeiras. Pode ser melhorado para combustível de grau superior através do processo de transesterificação. É importante salientar que o óleo vegetal não comestível de jatropha cruces tem o potencial necessário para constituir uma alternativa promissora e comercialmente viável ao gasóleo, uma vez que possui caraterísticas físico-químicas e de desempenho comparáveis às do gasóleo. Os veículos podem funcionar com óleo de pinhão-manso sem necessidade de grandes alterações na sua conceção. O óleo de pinhão-manso é expelido das sementes e pode ser facilmente substituído por querosene ou lamparina. O óleo de pinhão-manso pode ser utilizado como combustível líquido para iluminação e cozinha. Também pode ser utilizado em motores diesel que geram eletricidade e em maquinaria agrícola pesada, onde a viscosidade do óleo não é um problema. As sementes de pinhão-manso contêm (50% em peso) óleo viscoso que pode ser utilizado no fabrico de velas e sabão, na indústria cosmética, para cozinhar e iluminar por si só ou como combustível para motores diesel

/substituto ou extensor da parafina. Este último tem sido utilizado como uma sugestão importante para satisfazer a procura de serviços energéticos nas zonas rurais e também para descobrir um substituto prático para os combustíveis fósseis, a fim de proteger a atmosfera da poluição.

1.2.1.   Óleo de jatropha cruces:

O óleo de pinhão-manso é um produto importante da planta para satisfazer as necessidades de cozinha e iluminação da população rural, combustível de caldeira para fins industriais ou como substituto viável do gasóleo. Cerca de um terço da energia contida na semente de pinhão-manso pode ser retirada sob a forma de óleo, que tem um valor energético comparável ao do gasóleo. O óleo de pinhão-manso pode ser utilizado diretamente em motores diesel, adicionado ao gasóleo como um extensor ou transesterificado para um biodiesel. Existem alguns limites técnicos para a utilização direta do óleo de pinhão-manso como combustível em motores diesel. Além disso, o custo de produção do óleo de pinhão-manso como substituto do gasóleo é atualmente mais elevado do que o custo do próprio gasóleo.

1.2.2.   Outros produtos de Jatropha cruces:

O óleo de pinhão-manso pode ser utilizado para a produção de sabões e cosméticos nas zonas rurais. O óleo é um enema forte, muito utilizado como anti-sético para a tosse, doenças de pele e como analgésico para o reumatismo. Há décadas que o óleo de pinhão manso é utilizado comercialmente como matéria-prima para o fabrico de sabão. Quando as sementes de pinhão-manso são esmagadas, o óleo de pinhão-manso resultante pode ser processado para produzir um biodiesel de alta qualidade que pode ser utilizado num motor a diesel, enquanto o resíduo (bolo de prensagem) também pode ser utilizado como matéria-prima de biomassa para centrais eléctricas ou utilizado como fertilizante (contém azoto, fósforo e potássio).

1.3. Variações no rendimento do óleo de Jatropha:

Considera-se frequentemente que uma técnica de extração mais eficaz produziria maiores quantidades de óleo. Isto é parcialmente incorreto, uma vez que um método de extração eficaz apenas produziria a quantidade óptima e não mais do que isso. O teor ótimo de óleo nas plantas de pinhão-manso varia consoante as espécies e as variantes genéticas, e as condições climáticas e do solo também afectam o rendimento do óleo. No entanto, técnicas de processamento inadequadas, como a exposição prolongada das sementes colhidas à luz solar direta, podem prejudicar consideravelmente o rendimento do óleo. O teor máximo de óleo nas sementes de pinhão-manso é de cerca de 47%. No entanto, a média aceite é de 40%, e a fração que pode ser extraída é considerada como sendo de cerca de 91%.

1.4. Métodos e dispositivos do processo de extração de óleo de Jatropha:

Alguns dos métodos normalmente utilizados para a extração do óleo de pinhão-manso são os seguintes

segue

1.4.1   Prensas de óleo:

As prensas de óleo têm sido utilizadas para fins de extração de óleo como simples dispositivos mecânicos

- quer sejam acionadas eléctrica ou manualmente. Entre as várias prensas de óleo utilizadas para a extração de óleo de pinhão-manso, a prensa mais comum é a prensa de carneiro de Bielenberg. A prensa de carneiro de Bielenberg é o método de prensagem tradicional para a extração de óleo e também para a preparação de bolos e sabões de óleo. Trata-se de um dispositivo simples que produz cerca de 3 litros de óleo por cada 12 kg de sementes introduzidas. Desde o reconhecimento da jatropha como fonte de energia alternativa (nomeadamente, biocombustível), este método de extração de óleo ganhou maior importância no mercado. Uma vez que o óleo de pinhão-manso é o principal ingrediente necessário para a produção de biocombustíveis, o desenvolvimento de métodos de extração de óleo e a otimização dos métodos existentes tornaram o óleo significativo como energia alternativa. As prensas de óleo são apresentadas na figura seguinte.

Fig 1.1. Prensa de óleo de pinhão-manso

1.4.2 Expulsores de óleo:

Para a extração do óleo de pinhão-manso, são utilizados vários tipos diferentes de máquinas de extração de óleo. Os métodos mais utilizados são o Sayari oil expeller (Sundhara oil expeller) e o Komet Expeller. O expeller Sayari é um dispositivo de extração de óleo operado a diesel que foi desenvolvido no Nepal. Atualmente, está a ser desenvolvido no Zimbabué e no Zimbabué para a extração de óleo de jatropha e para a preparação de bagaço de óleo. O protótipo incluía peças pesadas feitas de ferro fundido. Na versão mais leve do expulsor, o ferro fundido é substituído por chapas de ferro. A máquina de extração é acionada por eletricidade. O batedor Komet é um batedor de óleo de parafuso único, frequentemente utilizado para a extração de óleo de pinhão-manso e de bagaços de óleo das sementes de pinhão-manso. Os métodos tradicionais de extração manual do óleo das sementes, utilizando utensílios simples, continuam a ser praticados nas zonas rurais e menos desenvolvidas. Descobriu-se que os métodos modernos, como a ultra-sonicação, são eficazes para aumentar a percentagem de extração do óleo de pinhão-manso utilizando métodos químicos como o tratamento enzimático aquoso. Descobriu-se que o rendimento ótimo da extração de óleo de pinhão-manso com estes métodos é de cerca de 74%. As percentagens de extração ainda estão a ser investigadas com estes métodos. O objetivo destas investigações é descobrir métodos para extrair uma maior percentagem de óleo de pinhão-manso das sementes com os procedimentos actuais. A figura abaixo mostra os extratores de óleo de pinhão-manso

Fig 1.2 Expulsores de óleo de Jatropha

1.5. Extração de óleo:

A extração de óleo é feita através de métodos de transesterificação:

É o processo de reação química de uma gordura ou óleo com um álcool na presença de um catalisador. O metanol ou o álcool etílico e o hidróxido de sódio ou o hidróxido de potássio são normalmente utilizados como catalisadores no processo de extração de óleo. O principal produto da transesterificação é o biodiesel e o co-produto é a glicerina

Separação: Após a transesterificação, a fase de biodiesel é separada da fase de glicerina; ambas são submetidas a purificação. A composição química do óleo de pinhão-manso é apresentada de seguida.

Item	Valor
Valor ácido	38.2
Índice de saponificação	195.0
Valor de iodo	101.7
Viscosidade (a 31ºC), Centistokes	40.4
Densidade (g/cm³)	0.92

Composição em ácidos gordos

Ácido palmítico (%)	4.2
Ácido esteárico (%)	6.9
Ácido oleico (%)	43.1
Ácido linoleico (%)	34.3
Outros ácidos (%)	1.4

1.5.1. Procedimento experimental

Neutralização: O óleo vegetal contém cerca de 14-19,5 % de ácidos gordos livres na natureza, que devem ser libertados antes de serem levados para o processo de conversão real. A presença de cerca de 14% de ácidos gordos livres torna o óleo de Jatropha inadequado para a produção industrial de biodiesel. O óleo desidratado é agitado com uma solução de HCl a 4 % durante 25 minutos e adiciona-se 0,82 gramas de NaOH por 100 ml de óleo para neutralizar os ácidos gordos livres e coagular através da seguinte reação.

$$RCOOH + NaOH \rightarrow RCOONa + H_2O$$

O ácido gordo livre coagulado (sabão) é removido por filtração. Este processo reduz o teor de ácidos gordos livres para menos de 2 % e constitui uma fonte perfeita para a produção de biodiesel.

Produção de biodiesel: Neste estudo, a transesterificação catalisada por bases é selecionada como o processo para produzir biodiesel a partir de óleo de Jatropha. A reação de transesterificação-ião é realizada em

num reator descontínuo. Para o processo de transesterificação, 500 ml de óleo de Jatropha são aquecidos a 70ºC num balão de fundo redondo para eliminar a humidade e agitados vigorosamente. Utiliza-se metanol com 99,5% de pureza e densidade de 0,791 g/cm³. 2,5 gramas de catalisador NaOH são dissolvidos em metanol em bimolarratio, num recipiente separado, e vertidos para o balão de fundo redondo, agitando continuamente a mistura. A mistura foi mantida a uma pressão de um bar e a 60°C durante uma hora. Após a conclusão do processo de transesterificação, a mistura é deixada a repousar sob gravidade durante 24 horas numa ampola de decantação. Os produtos formados durante a transesterificação foram o éster metílico do óleo de Jatropha e a glicerina. No fundo da mistura estão presentes glicerina, excesso de álcool, catalisador, impurezas e vestígios de óleo que não reagiu. Na camada superior da mistura estão presentes biodiesel, álcool e algum óleo de sabão. A evaporação da água e do álcool dá origem a 80-88 % de glicerina pura, que pode ser vendida como glicerina bruta destilada por destilação simples. O éster metílico de pinhão-manso (biodiesel) é misturado, lavado com água destilada quente para remover o álcool não reagido, o óleo e o catalisador e deixado assentar sob gravidade durante 25 horas. O biodiesel que é separado é levado para caraterização.

Fig 1.3 Ciclo de vida da planta de Jatropha

1.6 Nano tecnologia:

O estudo de estruturas com dimensões entre 1-100 nanómetros é definido como nanotecnologia. Os nanomateriais e as partículas actuam como catalisadores para aumentar a taxa de reação, de modo a produzir um bom rendimento em comparação com outros materiais. A partir de estudos, o aumento da área de superfície em relação ao rácio de volume das partículas altera as propriedades mecânicas, térmicas e catalíticas dos materiais utilizados.

Parte-se do princípio de que as moléculas do fluido de base próximas da superfície sólida das nanopartículas formam estruturas em camadas; por conseguinte, as nanocamadas funcionam como ponte térmica entre o fluido e as nanopartículas sólidas e aumentam a condutividade térmica efectiva. Para a presente investigação, as nanopartículas podem melhorar a disponibilidade de combustível, tornando mais eficiente a produção de combustíveis a partir de matérias-primas de baixa qualidade, e fornecer a temperatura necessária, ou aumentar a percentagem de combustível queimado a uma determinada temperatura.

Ao acelerar a taxa de combustão, as nanopartículas do biodiesel actuam como transportadoras de oxigénio, contribuindo e redistribuindo o oxigénio na câmara de combustão. Ao fazê-lo, ocorre uma combustão mais rápida, mais potente e completa, que requer menos combustível para o mesmo rendimento exigido ao motor. Através deste processo, as nanopartículas invertem a acumulação de carbono na parede do cilindro, o que simultaneamente diminui as emissões de escape e as partículas produzidas durante o funcionamento normal.

1.6.1 Diferentes nanomateriais:

1. Não-metais Si, Al_2O_3, Grafite, Nanotubos de carbono

2. Metais Au ,Cu, Ag ,Al

3. Cerâmica de nitretos AlN, SiN

4. Semicondutores TiO_2, SiC

5. Cerâmica de carbonetos SiC, TiC

6. Cerâmicas de óxidos Al_2O_3, CuO, Zno

7. Cu + C, Al + Al_2O_3, CeO_2

1.7 Preparação de nanofluidos:

O nanofluido é preparado através da suspensão coloidal e da dispersão de nanopartículas num fluido de base, utilizando métodos de síntese físicos e químicos. Os nanofluidos são sintetizados através da mistura de um nanopó num fluido de base, o que implica que os óxidos metálicos reagem com o ambiente quando expostos ao ar. No método de síntese físico-químico, a evaporação do metal é seguida da sua condensação, através do controlo total das condições de arrefecimento, sendo possível controlar a distribuição das partículas. Os meios utilizados para evaporar os metais são o aquecimento por indução, a ablação a laser por plasma de arco e o aquecimento resistivo. Devido à maior área de superfície em relação ao volume, as colisões de nanopartículas podem levar à aglomeração, que pode ser quebrada por sonicação. Utilizando o ultrassom para as especificações exigidas, a síntese e a suspensão das partículas é feita. As nano partículas selecionadas para o presente trabalho são nano partículas de óxido de alumínio (Al_2O_3).

1.7.1 Razões para selecionar as nanopartículas:

As nano partículas são adicionadas ao biodiesel pelas seguintes razões

1. Propriedade antioxidante
2. O preço é inferior ao de outros
3. Propriedade anti-desgaste
4. Possibilidade de preparar estruturas
5. Estabilidade com oxigénio

1.7.2 Propriedades do nanopó de Al_2O_3:

Tabela 1.1Propriedades físicas:

Aparência	Sólido branco
Massa molar (g/mole)	101.96
Densidade (kg/m$^{3)}$	3900

Fig 1.4 Al2O3nanopartículas

1.7.3   Agitador magnético:

O agitador eletromagnético é utilizado para misturar componentes para obter misturas homogéneas (ou) a função de um agitador é agitar líquidos para acelerar as reacções ou melhorar as misturas. Os agitadores magnéticos minimizam o risco de contaminação, uma vez que apenas a barra magnética inerte roda no interior e pode ser removida e limpa facilmente. É possível efetuar misturas reprodutíveis ou misturar durante longos períodos de tempo. O gasóleo e o óleo de Jatropha são misturados de acordo com a proporção necessária de mistura e expostos a agitação durante pelo menos 45 minutos a 60^0 C, após o que se adicionam as nanopartículas que medem 50ppm, 100ppm e 150ppm à mistura e se explora a sonicação utilizando um ultrassónico. O agitador magnético e o ultrassónico são mostrados abaixo.

Fig 1.5 Mistura de gasóleo e biodiesel num agitador magnético

1.7.4   Propriedades do combustível:

As propriedades do gasóleo e do biodiesel de Jatropha são apresentadas na tabela.

Propriedades	Gasóleo	Pinhão-manso	B20
Densidade (kg/m)^3	850	880	856
Poder calorífico (MJ/kg)	43	39.2	41.5

Viscosidade cinemática(mm^2 /seg)	2.6	4.8	3.0
Ponto de inflamação (^{0} C)	60	127	73.4
Ponto de inflamação (^{0} C)	64	131	77.4

Tabela 1.2 Propriedades do gasóleo e do biodiesel de Jatropha

1.7.5   Ultrasonicador:

Figura 1.6 Ultra-sonicador

Especificações:

Sonics& Materials make

Potência--- 130W

Volts --- 230V, temporizador de dez horas.

O nano pó de Al_2O_3 com fracções de massa de 50ppm, 100ppm e 150ppm é adicionado a misturas já preparadas e é explorado com ultra-sons a uma frequência de 40 KHz e 120 W durante 60 minutos, devido à energia sonora das nanopartículas do sonicador que são agitadas e dispersas na mistura, a partir da figura acima pode-se observar que a mudança de cor da mistura para branco sujo, é observada durante 48 horas e não produz qualquer precipitado de nanopartículas. Assim, a mistura de gasóleo e biodiesel com nanopartículas de Al_2O_3 como aditivo é utilizada para testar em motores a gasóleo.

1.8 **Caraterísticas de emissão:**

Os gases de escape que saem do escape do motor após a combustão são conhecidos como **"Emissões"**. Os motores I.C geram emissões indesejáveis durante o processo de combustão. As emissões que saem para o ambiente poluem a atmosfera e causam os seguintes problemas

- Aquecimento global
- Chuva ácida
- Fumo
- Odores
- Riscos respiratórios e outros riscos para a saúde.

As principais causas das emissões de escape são a combustão incompleta, a dissociação do azoto e as impurezas do combustível e do ar. As emissões que suscitam preocupação são os hidrocarbonetos não queimados (HC), os óxidos de carbono (cox), os óxidos de azoto (NOx), os óxidos de enxofre (sox) e as partículas sólidas de carbono. O sonho dos engenheiros e cientistas é desenvolver motores e combustíveis que gerem muito poucas quantidades de emissões nocivas e que estas possam ser libertadas para o ambiente sem grande impacto no meio ambiente. No entanto, com a tecnologia atual isso não é possível, porque o SFC e o BP são ambos importantes. Mas estes são inversamente proporcionais. Por conseguinte, o pós-tratamento dos gases de escape, bem como a redução das emissões no interior do cilindro, são muito importantes. No caso do pós-tratamento, este consiste principalmente na utilização de conversores térmicos ou catalíticos e de colectores de partículas. Para a redução no interior do cilindro, está a ser experimentada a recirculação dos gases de escape (EGR) e a adição de alguns aditivos ao combustível. Para além das emissões de gases de escape, as emissões não provenientes de gases de escape também desempenham um papel importante.

1.8.1 Emissões do motor:

As diferentes emissões do motor diesel são as seguintes

- Hidrocarbonetos não queimados (HC)
- Óxidos de azoto (NOx)
- Óxidos de Carbono (CO $_{\&CO2}$)
- Óxidos de enxofre (sox)
- Partículas em suspensão
- Fuligem e fumo

1.8.2   Hidrocarbonetos não queimados (HC):

O gasóleo contém compostos de hidrocarbonetos com pontos de ebulição mais elevados e, por conseguinte, com pesos moleculares mais elevados do que a gasolina. A pirólise considerável dos compostos do combustível ocorre dentro d o s sprays de combustível durante o processo de combustão do gasóleo. Assim, a composição dos hidrocarbonetos não queimados e parcialmente oxidados nos gases de escape do gasóleo é muito mais complexa do que no motor de ignição comandada e estende-se por uma gama maior de tamanhos moleculares. As emissões de hidrocarbonetos gasosos dos motores diesel são medidas utilizando um filtro de partículas quentes e um detetor de ionização aquecido por chama. Assim, os constituintes dos HC variam entre o metano e os hidrocarbonetos mais pesados que permaneceram na fase de vapor na linha aquecida. Quaisquer hidrocarbonetos mais pesados do que estes são, portanto, condensados e, com as partículas da fase sólida denominadas fuligem, são filtrados do fluxo de gases de escape e a montante do detetor. Daí resultam alguns pontos importantes. São eles:

- Oxidação
- Emissões de HC
- Têmpera de paredes
- Má qualidade da combustão
- Absorção e dessorção no óleo do motor

As emissões do motor de ignição por compressão foram medidas utilizando o controlo de poluição RTA, como indicado abaixo:

Fig 1.7 Centro de Ensaios de Poluição da RTA

1.8.3 Óxidos de azoto (NO_x):

O azoto é o principal constituinte do ar que respiramos. Quando é visível a altas pressões e temperaturas, combina-se com o oxigénio do ar para formar óxidos nitrosos. Os óxidos nitrosos combinam-se com o ozono de baixo nível para formar smog. Embora não existam normas de qualidade do ar para os NO_x, estes desempenham um papel importante na formação de ozono troposférico na atmosfera através de uma série complexa de reacções com compostos orgânicos voláteis (COV). Os óxidos de azoto também contribuem para a deposição de azoto no solo e na água através da chuva ácida. Como existe um excesso de ar no interior do motor diesel, é mais provável que se formem óxidos nitrosos. As emissões de óxidos nitrosos podem ser eficazmente reduzidas, tanto nos veículos a gasolina como nos veículos a gasóleo, através da utilização da recirculação dos gases de escape (EGR). A EGR reduz as temperaturas de escape para um valor inferior ao ponto em que o azoto é ineficaz.

1.8.4 Monóxido de carbono (CO):

❖ **Monóxido de Carbono (CO):** É um gás incolor, inodoro e venenoso que tem uma afinidade pela hemoglobina, 210 vezes superior à do Oxigénio. Ao combinar-se com a hemoglobina no sangue, inibe o fornecimento de oxigénio aos tecidos do corpo, causando assim falta de ar. Os efeitos nocivos do monóxido de carbono para a saúde são mais graves para as pessoas que sofrem de doenças cardiovasculares. Com níveis de exposição muito mais elevados, os indivíduos saudáveis também são afectados. O monóxido de carbono é um produto da combustão incompleta de combustíveis. Os processos industriais contribuem para os níveis de poluição por "CO", mas a principal fonte de "CO" na maioria das grandes áreas urbanas são as emissões dos veículos. O pico de "CO" ocorre normalmente durante os meses mais frios do ano, quando as emissões dos automóveis são maiores e as condições de inversão nocturna são mais frequentes.

❖ **Dióxido de carbono (CO_2):** É o principal motivo de preocupação neste momento e objeto de acordos internacionais para tentar reduzir a sua produção. Está na origem do aquecimento global; este é um facto conhecido. É produzido por qualquer queima de combustíveis fósseis e é causado pela produção de eletricidade pela maioria das centrais eléctricas actuais; isto significa que os carros eléctricos também causam emissões de dióxido de carbono. As emissões de CO2 são diretamente proporcionais ao consumo de combustível e, uma vez que os automóveis a gasóleo consomem menos 30 a 40% de combustível, emitem menos 30 a 40% de dióxido de carbono do que os automóveis a gasolina. Os automóveis a gás natural e a

GPL são, na verdade, bastante ineficientes em termos de combustível, embora tenham uma combustão mais limpa, pelo que produzem mais CO_2 do que os automóveis a gasóleo. Embora as emissões de CO_2 não sejam diretamente prejudiciais para nós, estão a alterar as nossas condições climáticas. Ao reagir o CO_2 com o oxigénio no ar, a camada de ozono é danificada, o que provoca o aquecimento global. A herança destas emissões é muito perigosa para a nossa geração futura.

CAPÍTULO - 2 INQUÉRITO BIBLIOGRÁFICO

Os investigadores estão a procurar novos combustíveis alternativos devido ao esgotamento dos combustíveis fósseis e às suas emissões. Foi efectuado um trabalho considerável no motor diesel para aumentar o desempenho. Apresentam-se de seguida alguns artigos.

Ali Keskin et al,[1] investigaram o efeito dos aditivos de combustível à base de Mg e Mo no desempenho do motor diesel alimentado com biodiesel de tall oil. Foi utilizado um motor diesel monocilíndrico DI para a investigação e verificou-se que os valores de desempenho do motor não se alteram significativamente com misturas de combustível à base de Mg e Mo, mas as emissões do motor como HC, CO e NO_x são reduzidas significativamente com misturas de combustível à base de Mg e Mo em comparação com o biodiesel de tall oil.

M.Shahabuddin et al,[2] estudaram o efeito do aditivo para combustível IRGANOR NPA no desempenho do motor diesel alimentado com biodiesel de POME com uma proporção de mistura de B20+1% (20% de biodiesel

+80% gasóleo + 1% aditivo). Um motor diesel monocilíndrico turboalimentado (IDI) é utilizado para a sua investigação e verificou-se que o motor apresenta os melhores valores de desempenho com B20+1% em comparação com o biodiesel de POME e também as emissões de CO do motor são reduzidas em 0,141% com proporções de mistura de B20+1%, para além de os HC e NO_x serem significativamente reduzidos em comparação com o biodiesel de POME.

Foi efectuado um trabalho experimental com éter dietílico e etanol como aditivo de combustível no desempenho do motor diesel alimentado com biodiesel de éster metílico de óleo de Neem na proporção de BD-1 (5% de éter dietílico + 95% de biodiesel) e BD-2 (10% de éter dietílico + 90% de biodiesel) e não apenas com as proporções de mistura de BD-1 (5% de etanol + 95% de biodiesel) e BD-2 (10% de etanol + 90% de biodiesel) por **S.SivaLakshmi et al,[3]**. Um motor diesel monocilíndrico DI é utilizado para a sua investigação e verificou-se que os valores de desempenho do motor aumentam significativamente nas misturas de éter dietílico e etanol em comparação com o biodiesel de éster metílico de óleo de Neem e também que o consumo específico de energia na travagem é baixo em ambos os aditivos de combustível nas proporções de mistura BD-1 e BD-2, e também que as emissões do motor como HC, CO e NO_x são reduzidas significativamente nas misturas de éter dietílico e etanol.

Gvidonas-Labeckas et al,[4] investigaram o efeito de Marisol FT (Suécia) e SO-2E (Estónia) como aditivos de combustível no desempenho do motor diesel alimentado com biodiesel de óleo de xisto. Utilizou-se um motor diesel monocilíndrico DI para a investigação e verificou-se que os valores de desempenho do motor aumentam significativamente nas misturas de combustível da Suécia e da Estónia em comparação com o biodiesel de óleo de xisto e também o consumo específico de energia na travagem diminui 18,3-11,0% em ambas as misturas de aditivos de combustível em comparação com o biodiesel de óleo de xisto e também as emissões de NOx do motor são reduzidas em 41,6% nas misturas de combustível da Suécia e também as emissões de HC e CO são reduzidas significativamente em comparação com o biodiesel de POME.

Y. V. Hanumantha Rao et al,[5] investigaram o efeito do DM-32 e do éster metílico como aditivos de combustível no desempenho do motor diesel alimentado com biodiesel de óleo de Jatropha. Utilizou-se um motor diesel monocilíndrico DI para a investigação e verificou-se que os valores de desempenho do motor aumentam significativamente com as misturas de combustível DM-32 e éster metílico em comparação com o biodiesel de óleo de pinhão-manso e também que o consumo específico de energia na travagem é inferior em ambas as misturas de aditivos de combustível em comparação com o biodiesel de óleo de pinhão-manso e também que as emissões do motor, como HC, CO e NOx, são reduzidas significativamente em ambas as misturas de combustível DM-32 e éster metílico em comparação com o biodiesel de óleo de pinhão-manso.

G.R.Kannan et al,[6] investigaram o efeito do aditivo de combustível de base metálica (cloreto férrico) no desempenho do motor diesel com biodiesel de óleo de palma usado como combustível. Para a investigação, foi utilizado um motor diesel monocilíndrico DI, tendo-se verificado que a eficiência térmica do motor no travão aumentou 6,3% com misturas de combustível à base de cloreto férrico, em comparação com o biodiesel de óleo de palma usado na cozinha, e que o consumo específico de energia no travão diminuiu 8,6% em comparação com o biodiesel de óleo de palma usado na cozinha. O cloreto férrico, um aditivo de combustível de base metálica, foi adicionado na dosagem de 20 ppm ao biodiesel de óleo de palma usado na cozedura de resíduos e também se verificou que as emissões de CO do motor são reduzidas em 1,9% com misturas de combustível de cloreto férrico, para além de as emissões de HC e NOx serem reduzidas em comparação com o biodiesel de óleo de palma usado na cozedura de resíduos e também as emissões de fumo serem reduzidas em 6,9% em comparação com o biodiesel de óleo de palma usado na cozedura de resíduos.

S.Manibharathi et al,[7] estudaram o efeito do óxido de ródio como aditivo de combustível no desempenho do motor diesel abastecido com óleo de Pongamia e biodiesel de Pongamia pinnata. Um motor diesel monocilíndrico DI é utilizado para a sua investigação e verificou-se que a eficiência térmica do travão do motor a u m e n t o u marginalmente com misturas de combustível de óxido de ródio e o BSFC diminuiu 3% em comparação com o biodiesel de Pongamia pinnata e verificou-se também que as emissões de HC do motor são reduzidas até 45% com misturas de combustível de óxido de ródio em comparação com o biodiesel de óleo de Pongamia e também as emissões de NOx são reduzidas até 37% e as emissões de CO são reduzidas até 45% em comparação com o biodiesel de óleo de Pongâmia, além de que as emissões de CO do motor são reduzidas em 20% nas misturas de combustível de óxido de ródio em comparação com o biodiesel de Pongâmia pinnata e também as emissões de NOx são reduzidas em 17% e as emissões de HC são reduzidas em 25% em comparação com o biodiesel de Pongâmia pinnata.

M. Mohan Raoet al,[8] investigaram o efeito do óxido de zinco como aditivo de combustível no desempenho do motor diesel alimentado com biodiesel de cera de estearina Palmolion na proporção de B20 (20% de biodiesel + 80% de gasóleo), B20 + 150 ppm (20% de biodiesel + 80% de gasóleo + 150 ppm de aditivo) e B20 + 200 ppm (20% de biodiesel + 80% de gasóleo + 200 ppm de aditivo). Foi utilizado um motor diesel monocilíndrico DI para a sua investigação e verificou-se que a eficiência mecânica do motor aumentou 5,57% e 8,64% na proporção de mistura de B20 + 150 ppm em comparação com outras proporções de mistura de biodiesel e que o consumo específico de energia na travagem diminuiu 12,77% para B20 + 200 ppm e 5,15% para B20 + 150 ppm.15% para o B20 + 150 ppm em comparação com as outras proporções de mistura de biodiesel e verificou-se também que as emissões de CO do motor são reduzidas na proporção de mistura de B20 + 150 ppm em comparação com as outras proporções de mistura de biodiesel, não só que as emissões de HC são reduzidas até 16,5% na proporção de mistura de B20 + 200 ppm em comparação com as outras proporções de mistura de biodiesel e também que as emissões de HC são reduzidas em 21,07% para a proporção de mistura de B20 + 150 ppm em comparação com as outras proporções de mistura de biodiesel.

B.Sachuthananthan et al,[9] investigaram o efeito do éter dietílico como aditivo de combustível no desempenho do motor diesel alimentado com emulsão de biodiesel-água na proporção de BD-1 (5% de éter dietílico + 95% de biodiesel) e BD-2 (10% de éter dietílico + 90% de biodiesel). Utilizou-se um motor diesel monocilíndrico DI para a investigação e verificou-se que a eficiência térmica do travão do motor aumentou 0,7% com BD-1 em comparação com outras proporções de mistura de biodiesel e também que o consumo específico de energia do travão é baixo com as proporções de mistura BD-1 e BD-2 em comparação com as outras proporções de mistura de biodiesel e também se verificou que as emissões do motor como HC, CO e NO_x são reduzidas com BD-1 e também as emissões de fumo são baixas com as proporções de mistura BD-1 e BD-2.

S. Karthikeyan et al,[10] investigaram o efeito do óxido de zinco como aditivo de combustível no desempenho do motor diesel abastecido com biodiesel Palmolion Stearin Wax na proporção de B20 (20% biodiesel + 80% gasóleo), B20 + 50 ppm (20% biodiesel + 80% gasóleo + 50 ppm de aditivo) e B20 + 100 ppm (20% biodiesel + 80% gasóleo + 100 ppm de aditivo). Utilizou-se um motor diesel monocilíndrico DI para a investigação e verificou-se que a eficiência térmica do travão do motor aumentou com as misturas de combustível de óxido de zinco em comparação com o biodiesel de cera de estearina de Palmolion e também o consumo específico de energia do travão diminuiu em comparação com o biodiesel de cera de estearina de Palmolion, para além de se ter verificado que as emissões do motor, como HC, CO e NO_x, são reduzidas com as misturas de combustível de óxido de zinco em comparação com o biodiesel de cera de estearina de Palmolion.

Keskinet al,[11] estudaram o efeito dos aditivos para combustíveis à base de níquel e manganês no desempenho do motor diesel alimentado com biodiesel de tall oil bruto na proporção de B20 (20% de biodiesel + 80% de gasóleo), B20 + 8 ppm (20% de biodiesel + 80% de gasóleo + 8 ppm de aditivo) e B20 + 12 ppm (20% de biodiesel + 80% de gasóleo + 12 ppm de aditivo). Para a investigação, foi utilizado um motor diesel monocilíndrico DI, tendo-se verificado que a eficiência térmica do travão do motor aumentou com as misturas de combustível à base de níquel e manganês, em comparação com o biodiesel de tall oil bruto, e que o consumo específico de energia do travão diminuiu em ambas as misturas de aditivos de combustível, em c o m p a r a ç ã o com o b i o d i e s e l de tall oil bruto.

C. Syed Aalamet al,[12] investigaram o efeito do óxido de alumínio como aditivo de combustível no desempenho do motor diesel abastecido com biodiesel de éster metílico de jujuba de zizipus na proporção de B25 (25% de biodiesel + 75% de gasóleo), B25 + 25 ppm (25% de biodiesel + 75% de gasóleo + 25 ppm de aditivo) e B25 + 50 ppm (25% de biodiesel

+ 75% de gasóleo + 50 ppm de aditivo). Foi utilizado um motor diesel monocilíndrico DI para a investigação e verificou-se que a eficiência térmica do motor no travão aumentou 2,5% com a proporção de mistura B25+50 ppm, em comparação com outras proporções de mistura de biodiesel, e que o consumo específico de energia no travão diminuiu 6% com a proporção de mistura B25+50 ppm, em comparação com outras proporções de mistura de biodiesel.9% na proporção de mistura B25+25 ppm em comparação com outras proporções de mistura de biodiesel e também as emissões de fumo foram reduzidas em 15-20% na proporção de mistura B25+25 ppm em comparação com outras proporções de mistura de biodiesel.

Conclusão

Com base na revisão da literatura, confirma-se que foi efectuado um número considerável de trabalhos sobre motores diesel com vários combustíveis em processo de mistura. No entanto, foram realizados menos trabalhos sobre misturas de Jatropha com fluido $_{Al2o3nano}$. Por conseguinte, o presente trabalho foi planeado em conformidade, uma vez que a eficiência do motor depende da turbulência gerada no seu interior. Para que se forme uma mistura homogénea no interior da câmara de combustão. Para o presente trabalho foi planeado um pistão com ranhuras Rambus, que é utilizado para gerar turbulência. O trabalho experimental foi efectuado e os resultados são apresentados nos capítulos seguintes

CAPÍTULO - 3 METHODOLAGY

3.1 INTRODUÇÃO:

Os pormenores da montagem experimental são apresentados a seguir. Para o objetivo do trabalho de projeto, a montagem experimental é organizada.

Fig 3.1 Instalação experimental

3.2 Especificações do motor:

Motor	Quatro tempos, cilindro único, arrefecido a água, diesel D.I. motor, Kirloskar engine Ltd
Potência nominal	5 HP
Velocidade	1500 rpm
Furo	80 mm
Acidente vascular cerebral	110 mm
Poder calorífico (C.V)	43000 kJ/kg
Gravidade específica	0,860 kg/m^3
Coeficiente de descarga (c_d)	0.62
Diâmetro do orifício	0.033m
Taxa de compressão	16.5:1
Densidade do ar (ρ_{air})	1,29 kg/ m^3
Dinamómetro	Travão de correia

Tabela3.1 Especificações do motor

O motor diesel acima referido é amplamente utilizado como motor no sector industrial. Este motor diesel pode suportar pressões elevadas devido à sua taxa de compressão mais elevada.

3.3 Várias partes da instalação experimental:

A instalação experimental é constituída por um motor, um alternador e um sistema de carga superior, um depósito de combustível com um aquecedor de imersão, um dispositivo digital de medição dos gases de escape, etc.

1. Motor diesel monocilíndrico a 4 tempos refrigerado a água   . 2. alternador3. depósito de combustível

4.   Filtro de ar 5. Válvula de três vias 6. Tubo de escape 7. Sonda8. Analisador de gases de escape

9. Depósito de combustível alternativo   10. bureta11   . Válvula   de três vias
12. Painel de controlo

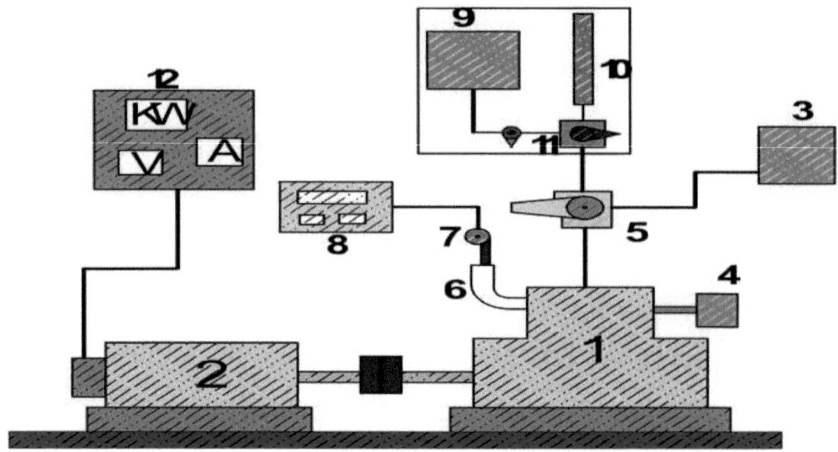

Figura 3.2 Várias partes da instalação experimental

3.4 Descrição experimental:

Inicialmente, o motor é posto a funcionar apenas com gasóleo durante cerca de 30 minutos, de modo a aquecer e a obter condições de funcionamento estáveis. Antes de pôr o motor em funcionamento, verifica-se o nível do óleo lubrificante e confirma-se que todas as peças móveis devem ser lubrificadas e verificadas quanto a eventuais fugas de óleo. O ensaio de desempenho foi realizado num motor diesel de um cilindro e quatro tempos. A Figura-3.1

mostra o diagrama esquemático da configuração experimental completa para determinar os efeitos da mistura de biodiesel de Jatropha com nanopartículas de Al_2o_3 como aditivo nas dosagens de 50ppm, 100ppm e 150 ppm no desempenho e nas caraterísticas de emissão do motor de ignição por compressão. Consiste num motor diesel monocilíndrico a quatro tempos, arrefecido a água e com injeção direta, ligado a um dinamómetro com travão de correia. É constituído por sensores de temperatura para a medição da temperatura dos gases de escape tanto à entrada como à saída. Está também equipado com sensores para a medição da pressão na câmara de combustão. O ângulo da manivela é também registado por meio de um codificador. Os sinais dos sensores são ligados por interface a um computador indicador de um motor para visualização. Está também prevista a medição do caudal volumétrico de combustível. O escape é ligado a um analisador de três gases que é utilizado para medir o hidrocarboneto, o monóxido de carbono e os óxidos de azoto no escape do motor.

3.5 Procedimento experimental:

O procedimento seguido durante as experiências é apresentado a seguir.

- O motor é instalado para a realização de experiências
- A pressão de injeção de 180 bar é obtida no motor durante toda a experiência
- O motor é ligado em vazio
- O motor é deixado a trabalhar durante pelo menos 10 minutos para estabilizar.
- Inicialmente, o motor funcionou com o gasóleo puro, desde o estado de vazio até ao estado de plena carga, com um incremento de 25% da carga em cada funcionamento.
- Depois de obter o estado estacionário, os parâmetros, tais como a leitura do manómetro, o tempo necessário para o consumo de combustível de 10 cc, as emissões de escape NOx, HC, CO e a temperatura dos gases de escape, etc., foram determinados de acordo com a tabela de observação.
- O motor funcionou então com uma mistura de biodiesel de Jatropha misturado em 20% em volume, representado por $B20$, respetivamente. Os parâmetros de desempenho são registados.
- As experiências são repetidas para a mistura B20 com diferentes fracções de massa de nanopartículas e as leituras são anotadas.
- Após a conclusão do ensaio, a carga no motor é completamente aliviada e é necessário parar o motor.

A experiência acima é repetida para várias cargas no motor. Durante o arranque do motor, enche-se o depósito de combustível com as proporções de combustível necessárias até à sua capacidade. Deixa-se o motor funcionar durante 20 minutos, para condições de estado estacionário, antes de se aplicar a carga. Por fim, o motor foi posto a funcionar com biodiesel de pinhão-manso e mistura de gasóleo com nanoaditivo, sendo registadas as observações correspondentes.

3.6 Experiências com pistões ranhurados:

Como já foi dito, deixou-se o motor funcionar durante cerca de 20 minutos com o pistão normal, de modo a aquecê-lo e a obter condições de funcionamento estáveis. As experiências foram realizadas num motor diesel com pistões ranhurados das configurações propostas para conhecer o desempenho do motor diesel e as caraterísticas das emissões. O ensaio é efectuado no motor diesel Kirloskar para o seguinte

- Pistão normal
- Pistão ranhurado em losango (RGP6)

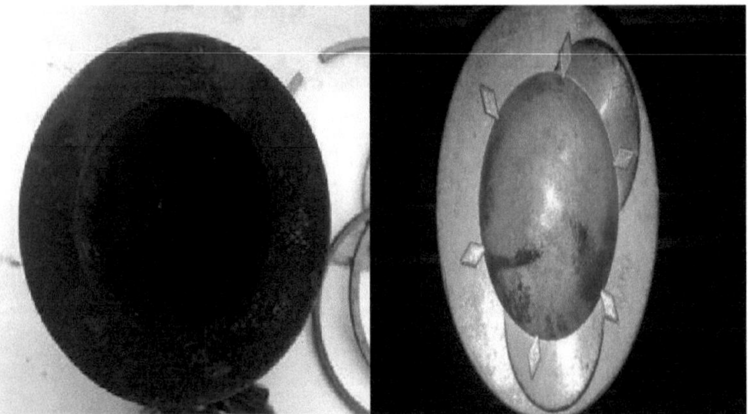

Fig 3.3 Pistão normalFig 3.4 Pistão ranhurado em losango

As leituras efectuadas durante a observação devem ser tabuladas. O motor continuou a funcionar com a mistura B20 para o pistão com ranhura em losango e as leituras devem ser registadas. Após a conclusão, o motor foi posto a funcionar utilizando a mistura B20 de Jatropha juntamente com o nanofluido Al_2O_3 como aditivo para 50ppm, 100ppm e 150ppm. As leituras têm de ser tabuladas. Foram efectuados cálculos adicionais para comparar o desempenho e as caraterísticas das emissões com o pistão normal.

CAPÍTULO - 4

EXEMPLOS DE CÁLCULOS E TABELAS

4.1 Caraterísticas de desempenho do motor:

As caraterísticas de desempenho do motor são as indicadas abaixo.

- Potência e eficiência mecânica
- Produção específica
- Pressão efectiva média
- Eficiência volumétrica
- Relação ar-combustível
- Consumo específico de combustível no travão
- Eficiência térmica
- Fumos e emissões de gases de escape
- Peso específico
- **Potência, binário e eficiência mecânica:**

A potência é igual ao produto da velocidade angular e do binário. É geralmente designada por 'P'. As suas unidades são quilowatts (kW).

P=Velocidade angular×Torque =T×ω M=Velocidade em rpm

P=Força×Velocidade = F×N

P=2π N T/60

O binário é medido pelo dinamómetro e a velocidade é medida pelo tacómetro. A potência é

classificada em três tipos. Tipo

1) Potência de travagem (kW)   2) Potência de atrito (kW)   3) Potência indicada (kW)

1)   Potência de travagem (kW): A potência desenvolvida por um motor no veio de saída é conhecida como potência de travagem. É obtida deduzindo várias perdas de potência no motor da potência indicada. É medida com um dinamómetro. É normalmente expressa em quilowatts (K.W).

Potência de travagem, B.P $=\dfrac{2\$NT}{60000}$ kW

Onde, N = Velocidade do motor, RPM T = Binário, Kg-m

T = W x R

W= Carga na balança de mola em Kgs

R = Raio do tambor do travão em metros = 0,156 m

2)   Potência de atrito (kW): É a potência perdida para vencer o atrito entre o pistão, os anéis do pistão e as paredes do cilindro. É normalmente expressa em quilowatts (kW). No presente estudo, é utilizado o método da linha de William para determinar a potência de atrito.

3)   Potência indicada (KW): A potência total que será desenvolvida pelo combustível na câmara de combustão é designada por potência indicada. As suas unidades são quilowatts (kW).

$$I.P=B.P+F.P \text{ em kW}$$

Binário do motor:

É a força de rotação do eixo da manivela num dado instante de tempo. É dada por

$$T= F \times R$$

Aqui, T =Torque; F =Força aplicada no eixo da manivela (N); R= Raio da manivela (m).

O binário no curso de potência depende do valor de "r". No entanto, o binário é fornecido apenas durante um curso entre quatro cursos. Por conseguinte, os fabricantes de motores calculam sempre o valor médio do binário de saída do motor. O binário de saída é transmitido através do sistema de transmissão para a roda de tração e é responsável pela rotação das rodas para puxar o veículo.

*   **Eficiência mecânica (η_{mech}):** É o rácio entre a potência de travagem e a potência indicada. É geralmente expresso em percentagem (%).

Eficiência mecânica (η_{mech}) = potência de travagem/potência indicada = BP/IP

*   **Pressão efectiva média (P.E.M.):**

A pressão média que actua no cilindro. É uma pressão que deve atuar sobre o pistão no curso de potência e é conhecida como pressão efectiva média. É normalmente expressa em bars ou kilo Pascal's (1 bar=100kps).

I.P = $(P_{imep}LKAn)/60000$ em kw

Aqui,

n= N.º de cursos de potência [n=N/2, para 4 cursos e n=N, para 2 cursos]

N = Velocidade = 1500 rpm; K= Número de cilindros;   L= Comprimento do curso

=110 mm A= Área do pistão $=\frac{\pi}{4} \times (0,08)^2 = 0,0050mm^2$; P_{imep} = Pressão efectiva média

Estes dividem-se em dois tipos, a saber

1) Pressão efectiva média do travão

2) Pressão efectiva média indicada

1) **Pressão efectiva média indicada:** Se a pressão efectiva média se basear na potência indicada, é designada por pressão efectiva média indicada (P.E.M.I.)

$$\text{Pressão efectiva média indicada (P.E.M.I.)} = \frac{I.P \times 60}{A \times K \times n \times x}$$

2) **Pressão efectiva média do travão:** Se a pressão efectiva média se basear na potência de travagem, é designada por pressão efectiva média indicada (P.E.M.)

$$\text{Pressão efectiva média dos travões (B.M.E.P)}, = \frac{B.P \times 60}{L \times K \times n \times x}$$

Onde L = comprimento do curso, mm N = velocidade do motor = 1500/2 A = área do cilindro, mm^2 k = n.º de cilindros

•   Para a mesma deslocação do pistão e a mesma pressão efectiva média, o funcionamento a alta velocidade produzirá mais potência de saída.

Produção específica =B.P/(L×A)

•   **Eficiência volumétrica (η_{vol}):** É a razão entre a massa da carga efetivamente induzida e a massa da carga correspondente ao volume do cilindro nas condições de admissão.

(ou)

É o rácio entre o caudal mássico da admissão de ar e o volume varrido.

Eficiência volumétrica (η_{vol}) = caudal mássico da admissão de ar/volume aspirado

$$\text{Volumetric efficiency, } \eta_{vol} = \frac{\text{actual volume flow rate of air}}{\text{the rate at which volume is displaced}} \times 100\,\%$$

$$= \frac{\text{area of inlet pipe X velocity of air}}{\left[\begin{array}{c}\text{are of}\\\text{the cylinder}\end{array}\right] \times \left[\begin{array}{c}\text{length of}\\\text{the stroke}\end{array}\right] \times \left[\begin{array}{c}\text{revolutions}\\\text{per second}\end{array}\right]} \times 100\%$$

- **Relação ar/combustível (relação F/A):** É a relação entre a massa do combustível e a massa do ar na mistura de combustível.

Relação combustível/ar = Massa do combustível/ Massa do ar= m_f/m_a

- **Consumo específico de combustível (C.C.E.):** A quantidade de combustível consumida por unidade de energia produzida por hora e é um critério de produção de energia económica.

Consumo específico de combustível = [combustível consumido (g/seg)] / [potência (Kw)]

$$\text{T.F.C} = \frac{0,85 \times 20 \times 3600}{t \times 1000}\ \text{Kg/h}$$

Onde, Gravidade específica do gasóleo = 0,85; t= Tempo necessário para 10 c.c. de combustível.

- **Consumo específico de combustível nos travões (B.S.F.C.):**
É determinada pela potência de travagem de saída do motor.

Consumo específico de combustível nos travões (B.S.F.C) = $\dfrac{T.F.C}{B.P}$ Kg/kwh

- **Entrada de calor:**
Potência térmica =T.F.C x C.V kW

Onde, C.V = Valor Calorífico do Combustível, kJ/kg k

- **Eficiência térmica ($\eta_{thermal}$):**

É o rácio entre o trabalho indicado realizado e a energia fornecida pelo combustível.

É denotado por $\eta_{thermal} = I.P/(\mathbf{mf \times CV})$

- **Eficiência térmica indicada ($\eta_{ind.thermal}$):**
Baseia-se na potência indicada do motor.

$\eta ind._{thermal} = I.P/(_{mf \times C}.V)$

- **Eficiência térmica de travagem ($\eta b._{thermal}$):** Baseia-se na potência de travagem do motor.

$\eta b._{térmica} = B.P/(_{mf \times C}.V)$

4.2 Cálculos de amostra para a mistura B20+Al2O3100ppm com uma carga de 10Kg:

1. Potência de travagem, $B.P = \dfrac{2\pi NT}{60000} \; kW$

Onde,

N	=	Velocidade do motor, RPM
T	=	Binário, Kg-m
T	=	W x R
W	=	carga na balança de mola em Kgs
R	=	Raio do tambor do travão, em m
	=	0.156 m

$B.P. = \dfrac{2 \times \$ \times 1520 \times 10 \times 0.184}{60000}$

$B.P = 2$,87 kW

2. $T.F.C = \dfrac{10 \times 0.85 \times 3600}{t \times 1000} \; kg/hr$

Onde, T.F.C = Consumo total de combustível, Kg/h Gravidade específica do B20+100ppm

$= 0,856 \; Kg/m^3$

t = Tempo necessário para o consumo de 10 ml de combustível, segundo

$T.F.C = \dfrac{10 \times 0.86 \times 3600}{47 \times 1000} \; kg/hr = 0.65 kg/hr$

3. Consumo específico de combustível nos travões

$$B.S.F.C = \frac{T.F.C}{B.P} \; Kg/kwhr = \frac{0.65}{2.87} = \frac{0.65}{}$$

Consumo específico de combustível nos travões, B.S.F.C = 0,228 kg/kWhr

4. Entrada de calor $= \frac{T.F.C \times C.V}{3600}$ kW

Onde,   C.V=Valor calorífico do B20+80ppm de ZnO, =41850kj/kg k

$$= \frac{0.65 \times 41446}{3600}$$

Entrada de calor= 7,48kW

5. Potência Indicada $= B.P + F.P = 2.87 + 1.21$ Potência Indicada= 4.08kW

6. Eficiência mecânica $\frac{}{I.P} = \frac{B.P}{} \times 100\%$

$$= \frac{2.87}{4.08} \times 100\%$$

Eficiência mecânica, η_{mech} = 70,34 %

7. Eficiência térmica do travão $= \frac{B.P}{Heat\ Input} \times 100\% = \frac{2.87}{7.48} \times 100\% = 38.35\%$

8. Eficiência térmica indicada $= \frac{I.P}{Heat\ Input} \times 100\% = \frac{4.08}{7.48} \times 100\% = 54.54\%$

9. Pressão efectiva média do travão, bmep $= \frac{B.P \times 60}{L \times A \times n \times k}$

Onde L = comprimento do curso, m

n = velocidade do motor = 1520/2
A = Área do cilindro, m2

k = n.º de cilindros $= \dfrac{2.87 \times 60}{(0.11) \times \frac{\pi}{4} \times (0.0875)^2 \times \frac{1500}{2} \times 1}$

$= 409{,}83 \; kN/m^2$

10. Pressão efectiva média indicada, Imep $= \frac{I.P \times 60}{L \times A \times n \times k}$

$$= \frac{4.08 \times 60}{(0.11) \times \frac{\pi}{4} \times (0.0875)^2 \times \frac{1500}{2} \times 1}$$

Pressão efectiva média indicada= 583,31kN/m^2

11. **Eficiência volumétrica** (η_{volume}) : $_{1-Vc/Vs}$ Em que v_c = Volume do espaço livre, m^3

Vs= Volume varrido, m^3

v_c = Relação de $_{compressão=1+Vs/Vc}$

$$= 16,5=1+ 0_{,414/Vc}$$

Pistão normal v_c = 0,027 m^3 Pistão normal $_{\eta volume}$ =93,75%

Pistão ranhurado $v_{c=}$ 0,027 + área do Rambus x profundidade da ranhura x n.º de ranhuras, m^3

= 0,027 + 0,0075 x 0,002 x 6

= 0.027 m^3

Taxa de compressão=16,33 Pistão ranhurado $_{\eta volume}$ =93,47%

4.3 Valores de colunas tabulares:

As experiências são realizadas com várias misturas de biodiesel com nanofluidos a várias cargas e os resultados são calculados e mencionados nas tabelas seguintes.

4.3.1 Parâmetros de desempenho do gasóleo:

Tabela 4.1. Parâmetros de desempenho do gasóleo

S.N.	Parâmetros de funcionamento	Unidades	Trilho-1	Trilho-2	Trilho-3	Trilho-4	Trilho-5	Trilho-6
1	Carga	Kg	0	2	4	6	8	10
2	Velocidade (N)	Rpm	1520	1520	1520	1520	1520	1520
3	Tempo necessário para 10c.c do consumo de	Sec	77	69	62	56	54	46

	combustível(t)							
4	Potência de travagem (B.P)	kW	0	0.5746	1.149	1.724	2.29	2.87
5	T.F.C	Kg/hr	0.397	0.443	0.494	0.546	0.57	0.665
6	S.F.C (ou) B.S.F.C	Kg/kWhr		0.771	0.429	0.32	0.247	0.232
7	Entrada de calor	kW	4.74	5.29	5.89	6.52	6.81	7.94
8	Potência Indicada (I.P)	kW	1.24	1.815	2.364	2.964	3.53	4.11
9	Eficiência mecânica	%	0	31.66	48.09	58.16	64.87	69.82
10	Térmica indicada eficiência (ηind.térmica)	%	26.67	34.3	40.56	45.46	51.83	51.76
11	Travão térmico eficiência(ηb.térmica)	%	0	10.86	19.49	26.43	33.64	36.13
12	B.M.E.P	KN/m2	0	82.05	164.07	246.18	327.01	409.83
13	I.M.E.P	KN/m2	177.06	259.12	341.14	423.25	504.07	586.9
14	EGT	0C	161	191	215	235	239	243

4.3.2 Parâmetros de desempenho da mistura B20:

Tabela 4.2. Parâmetros de desempenho da mistura B20

S.N.	Parâmetros de funcionamento	Unidades	Trilho-1	Trilho-2	Trilho-3	Trilho-4	Trilho-5	Trilho-6
1	Carga	Kg	0	2	4	6	8	10
2	Velocidade (N)	Rpm	1520	1520	1520	1520	1520	1520
3	Tempo necessário para 10c.c de consumo de combustível	Sec	67	59	52	46	44	35
4	Potência de travagem (B.P)	kW	0	0.5746	1.149	1.724	2.29	2.87
5	T.F.C	Kg/hr	0.45	0.52	0.59	0.66	0.7	0.88
6	S.F.C (ou) B.S.F.C	Kg/kWhr		0.90	0.51	0.38	0.305	0.306
7	Entrada de calor	kW	5.28	6.00	6.82	7.59	8.05	10.13
8	Potência Indicada (I.P)	kW	1.34	1.91	2.48	3.06	3.63	4.2
9	Eficiência mecânica	%	0	30.01	46.16	56.26	63.08	68.17
10	Térmica indicada eficiência (ηind.térmica)	%	25.35	36.67	36.48	40.36	45.09	41.55

S.N.		Unidades	Trilho-1	Trilho-2	Trilho-3	Trilho-4	Trilho-5	Trilho-6
11	Travão térmico eficiência(ηb.térmica)	%	0	9.57	16.84	22.71	28.44	28.33
12	B.M.E.P	KN/m^2	0	82.05	164.07	246.18	327.01	409.83
13	I.M.E.P	KN/m^2	191.34	277.02	341.14	437.53	479.80	601.18
14	EGT	^0C	146	176	200	220	224	228

4.3.3 Parâmetros de desempenho para B20+50ppm de $_{Al2O3}$:

Tabela 4.3. Parâmetros de desempenho para B20+50ppm de $_{Al2O3}$

S.N.	Parâmetros de funcionamento	Unidades	Trilho-1	Trilho-2	Trilho-3	Trilho-4	Trilho-5	Trilho-6
1	Carga	Kg	0	2	4	6	8	10
2	Velocidade (N)	Rpm	1520	1520	1520	1520	1520	1520
3	Tempo necessário para10c.c do consumo de combustível	Sec	72	64	57	51	49	40
4	Potência de travagem (B.P)	Kw	0	0.5746	1.149	1.724	2.29	2.87
5	T.F.C	Kg/hr	0.42	0.481	0.54	0.6	0.62	0.77
6	S.F.C (ou) B.S.F.C	Kg/kW-hr		0.83	0.47	0.35	0.27	0.26
7	Entrada de calor	kW	4.92	5.54	6.21	6.9	7.23	8.86
8	Potência Indicada (I.P)	kW	1.28	1.85	2.42	3.004	3.57	4.15
9	Eficiência mecânica	%	0	30.98	47.30	57.39	64.14	69.15
10	Térmica indicada eficiência (ηind.térmica)	%	26.01	33.47	39.11	43.53	49.37	46.83
11	Travão térmico eficiência(ηb.térmica)	%	0	10.37	18.5	24.98	31.63	32.37
12	B.M.E.P	KN/m^2	0	82.05	164.07	246.18	327.01	409.83
13	I.M.E.P	KN/m^2	182.78	264.83	346.02	428.96	509.78	592.61
14	EGT	0C	151	181	205	225	229	233

4.3.4 Parâmetros de desempenho para B20+100ppm de Al_2O_3::

Tabela 4.4. Parâmetros de desempenho para B20+100ppm de Al_2O_3

S.N.	Parâmetros de funcionamento	Unidades	Trilho-1	Trilho-2	Trilho-3	Trilho-4	Trilho-5	Trilho-6
1	Carga	Kg	0	2	4	6	8	10
2	Velocidade (N)	Rpm	1520	1520	1520	1520	1520	1520
3	Tempo necessário para 10c.c de consumo de combustível(t)	Sec	79	71	64	58	56	47
4	Potência de travagem (B.P)	kW	0	0.5746	1.149	1.724	2.29	2.87
5	T.F.C	Kg/hr	0.39	0.43	0.48	0.53	0.55	0.65
6	S.F.C (ou) B.S.F.C	Kg/kWhr		0.74	0.41	0.30	0.24	0.22
7	Entrada de calor	kW	4.48	4.95	5.54	6.10	6.33	7.48
8	Potência Indicada (I.P)	kW	1.21	1.78	2.35	2.93	3.5	4.08
9	Eficiência mecânica	%	0	32.19	48.7	58.75	65.42	70.34
10	Térmica indicada eficiência ($\eta ind_{térmica}$)	%	27.0	36.04	42.58	48.09	55.29	54.54
11	Travão térmico eficiência($\eta b_{térmica}$)	%	0	11.6	20.74	28.25	36.16	38.35
12	B.M.E.P	KN/m^2	0	82.05	164.07	246.18	327.01	409.83
13	I.M.E.P	KN/m^2	172.78	255.14	337.26	419.47	500.39	583.31
14	EGT	^0C	164	194	218	238	242	247

4.3.5 B20+150ppm de Al_2O_3 Parâmetros de desempenho:

S.N.	Parâmetros de funcionamento	Unidades	Trilho-1	Trilho-2	Trilho-3	Trilho-4	Trilho-5	Trilho-6
1	Carga	Kg	0	2	4	6	8	10
2	Velocidade (N)	Rpm	1520	1520	1520	1520	1520	1520
3	Tempo necessário para 10c.c de consumo de combustível(t)	Sec	74	66	59	53	51	42
4	Potência de travagem (B.P)	kW	0	0.5746	1.149	1.724	2.29	2.87
5	T.F.C	Kg/hr	0.41	0.46	0.52	0.58	0.60	0.73

6	S.F.C (ou) B.S.F.C	Kg/kW-hr		0.81	0.45	0.33	0.26	0.25
7	Entrada de calor	kW	4.79	5.36	6.00	6.68	6.90	8.43
8	Potência Indicada (I.P)	kW	1.24	1.81	2.38	2.96	3.53	4.11
9	Eficiência mecânica	%	0	31.71	48.09	58.16	64.87	69.82
10	Térmica indicada eficiência (ηind.térmica)	%	25.88	39.15	39.81	44.37	51.15	48.75
11	Travão térmico eficiência(ηb.térmica)	%	0	10.71	19.11	25.80	33.18	34
12	B.M.E.P	KN/m^2	0	82.05	164.07	246.18	327.01	409.83
13	I.M.E.P	KN/m^2	177.06	256.26	341.14	423.25	504.07	586.9
14	EGT	^{0}C	156	196	210	230	234	238

4.1 Caraterísticas de emissão:

4.1.1 Emissões de HC (ppm)

Tabela 4.6. Valores de emissão de HC

Potência de travagem	Gasóleo	B20	B20+50ppm	B20+100ppm	B20+150ppm
0	50	54	52	50	50
0.5746	46	46	47	42	46
1.149	37	41	38	37	37
1.724	31	31	32	27	31
2.29	25	29	26	25	25
2.87	28	28	29	24	28

4.1.2 Emissões de CO (%)

Tabela 4.7. Valores de emissão de CO

Potência de travagem	Gasóleo	B20	B20+50ppm	B20+100ppm	B20+150ppm
0	0.08	0.11	0.09	0.07	0.08
0.5746	0.07	0.09	0.08	0.06	0.07
1.149	0.06	0.08	0.07	0.045	0.06

1.724	0.06	0.07	0.065	0.04	0.06
2.29	0.045	0.07	0.06	0.03	0.05
2.87	0.07	0.08	0.075	0.035	0.07

4.1.3 Emissões de NOx (ppm)

Tabela 4.8. Valores de emissão de NOx

Potência de travagem	Gasóleo	B20	B20+50ppm	B20+100ppm	B20+150ppm
0	185	146	167	178	176
0.5746	230	195	216	238	230
1.149	444	396	424	433	428
1.724	530	487	515	537	525
2.29	637	602	614	631	635
2.87	642	692	627	750	637

4.2 Parâmetros de desempenho para o pistão de ranhura Rambus:

4.2.1 Valores de desempenho obtidos com o pistão com ranhura Rambus para Diesel:

Tabela 4.9. Valores de desempenho obtidos com o pistão ranhurado Rambus para Diesel

S.N	Parâmetros de funcionamento	Unidades	Trilho-1	Trilho-2	Trilho-3	Trilho-4	Trilho-5	Trilho-6
1	Carga	Kg	0	2	4	6	8	10
2	Velocidade (N)	Rpm	1520	1520	1520	1520	1520	1520
3	Tempo necessário para 10c.c do consumo de combustível(t)	Sec	80	72	65	59	57	49
4	Potência de travagem (B.P)	kW	0	0.5746	1.149	1.724	2.29	2.87
5	T.F.C	Kg/hr	0.38	0.42	0.47	0.51	0.53	0.62
6	S.F.C (ou) B.S.F.C	Kg/kWhr		0.73	0.40	0.3	0.23	0.21
7	Entrada de calor	kW	4.56	5.07	5.62	6.18	6.40	7.45

8	Potência Indicada (I.P)	kW	1.24	1.81	2.38	2.96	3.53	4.11
9	Eficiência mecânica	%	0	31.66	48.09	58.16	64.87	69.82
10	Térmica indicada eficiência ($\eta ind._{térmica}$)	%	27.14	35.79	42.50	47.96	55.15	55.16
11	Travão térmico eficiência	%	0	11.31	20.43	27.86	35.76	38.50
12	B.M.E.P	KN/m^2	0	82.05	164.09	246.18	327.01	409.83
13	I.M.E.P	KN/m^2	177.06	259.12	341.14	423.25	504.07	586.9
14	EGT	^0C	166	196	220	240	244	248

4.2.2   Valores de desempenho obtidos com o pistão com ranhura Rambus para a mistura B20: Tabela 4.10. Valores de desempenho obtidos com o pistão com ranhura Rambus para a mistura B20

S.N	Parâmetros de funcionamento	Unidades	Trilho-1	Trilho-2	Trilho-3	Trilho-4	Trilho-5	Trilho-6
1	Carga	Kg	0	2	4	6	8	10
2	Velocidade (N)	Rpm	1520	1520	1520	1520	1520	1520
3	Tempo necessário para 10c.c do consumo de combustível(t)	Sec	70	62	55	49	47	38
4	Potência de travagem (B.P)	kW	0	0.5746	1.149	1.724	2.29	2.87
5	T.F.C	Kg/hr	0.44	0.49	0.56	0.62	0.65	0.81
6	S.F.C (ou) B.S.F.C	Kg/kWhr		0.86	0.48	0.36	0.28	0.28
7	Entrada de calor	kW	5.06	5.72	6.44	7.19	7.54	9.32
8	Potência Indicada (I.P)	kW	1.34	1.91	2.489	3.06	3.63	4.21
9	Eficiência mecânica	%	0	30.01	46.16	56.26	63.08	68.17
10	Térmica indicada eficiência ($\eta ind._{térmica}$)	%	26.48	34.66	38.64	42.61	48.14	45.17
11	Travão térmico eficiência	%	0	10.04	17.82	23.97	30.37	30.77
12	B.M.E.P	KN/m^2	0	82.05	164.07	246.18	327.01	409.83

| 13 | I.M.E.P | KN/m^2 | 182.74 | 257.69 | 341.14 | 437.53 | 479.80 | 601.18 |
| 14 | EGT | ^{0}C | 151 | 181 | 205 | 225 | 229 | 233 |

4.2.3 Valores de desempenho obtidos com o pistão de ranhura Rambus para B20+50ppm $_{Al2O3}$:

Tabela 4.11. Valores de desempenho obtidos com o pistão de ranhura Rambus para B20+50ppm de $_{Al2O3}$

S.N	Parâmetros de funcionamento	Unidades	Trilho-1	Trilho-2	Trilho-3	Trilho-4	Trilho-5	Trilho-6
1	Carga	Kg	0	2	4	6	8	10
2	Velocidade (N)	Rpm	1520	1520	1520	1520	1520	1520
3	Tempo necessário para 10c.c do consumo de combustível(t)	Sec	75	67	60	54	52	43
4	Potência de travagem (B.P)	kW	0	0.5746	1.149	1.724	2.29	2.87
5	T.F.C	Kg/hr	0.41	0.45	0.51	0.57	0.59	0.71
6	S.F.C (ou) B.S.F.C	Kg/kWhr		0.80	0.44	0.33	0.25	0.24
7	Entrada de calor	kW	4.72	5.29	5.91	6.56	6.82	8.24
8	Potência Indicada (I.P)	kW	1.28	1.85	2.42	3.00	3.57	4.15
9	Eficiência mecânica	%	0	30.98	47.30	57.39	64.14	69.15
10	Térmica indicada eficiência (ηind$_{.térmica}$)	%	27.11	35.05	44.56	45.79	52.34	50.36
11	Travão térmico eficiência	%	0	10.85	19.43	26.28	33.57	34.83
12	B.M.E.P	KN/m^2	0	82.05	164.07	246.18	327.01	409.83
13	I.M.E.P	KN/m^2	182.78	264.83	346.02	428.96	509.78	592.61
14	EGT	^{0}C	156	186	210	230	234	238

4.2.4 Valores de desempenho obtidos com o pistão de ranhura Rambus para B20+100ppm de $_{Al2O3}$:

Tabela 4.12. Valores de desempenho obtidos com o pistão com ranhura Rambus para

B20+100ppm de Al2O3

S.N	Parâmetros de funcionamento	Unidades	Trilho-1	Trilho-2	Trilho-3	Trilho-4	Trilho-5	Trilho-6
1	Carga	Kg	0	2	4	6	8	10
2	Velocidade (N)	Rpm	1520	1520	1520	1520	1520	1520
3	Tempo necessário para 10c.c do consumo de combustível(t)	Sec	82	74	67	61	59	50
4	Potência de travagem (B.P)	kW	0	0.5746	1.149	1.724	2.29	2.87
5	T.F.C	Kg/hr	0.37	0.41	0.45	0.50	0.52	0.61
6	S.F.C (ou) B.S.F.C	Kg/kWhr		0.72	0.40	0.29	0.22	0.21
7	Entrada de calor	kW	4.31	4.78	5.29	5.81	6.00	7.02
8	Potência Indicada (I.P)	kW	1.21	1.78	2.35	2.93	3.5	4.08
9	Eficiência mecânica	%	0	32.19	48.7	58.75	65.42	70.34
10	Térmica indicada eficiência ($\eta ind._{térmica}$)	%	27.63	37.33	44.59	50.49	58.24	58.11
11	Travão térmico eficiência	%	0	11.99	21.70	29.65	38.10	40.86
12	B.M.E.P	KN/m^2	0	82.05	164.07	246.18	327.01	409.83
13	I.M.E.P	KN/m^2	172.78	255.14	337.26	419.47	500.39	583.31
14	EGT	^0C	169	199	223	243	247	252

4.2.5   Valores de desempenho obtidos com o pistão com ranhura Rambus para B20+150ppm de Al2O3**:**

Tabela 4.13. Valores de desempenho obtidos com o pistão com ranhura Rambus para B20+150ppm de Al2O3

S.N	Parâmetros de funcionamento	Unidades	Trilho-1	Trilho-2	Trilho-3	Trilho-4	Trilho-5	Trilho-6
1	Carga	Kg	0	2	4	6	8	10
2	Velocidade (N)	Rpm	1520	1520	1520	1520	1520	1520

3	Tempo necessário para 10c.c do consumo de combustível(t)	Sec	77	69	62	56	54	45
4	Potência de travagem (B.P)	kW	0	0.5746	1.149	1.724	2.29	2.87
5	T.F.C	Kg/hr	0.40	0.44	0.49	0.55	0.57	0.66
6	S.F.C (ou) B.S.F.C	Kg/kWhr		0.77	0.43	0.31	0.247	0.23
7	Entrada de calor	kW	4.60	5.14	5.72	6.33	6.56	7.71
8	Potência Indicada (I.P)	kW	1.24	1.81	2.38	2.96	3.53	4.11
9	Eficiência mecânica	%	0	31.71	48.09	58.16	64.87	69.82
10	Térmica indicada eficiência (ηind.térmica)	%	26.92	34.3	41.75	45.46	51.83	51.76
11	Travão térmico eficiência	%	0	11.20	20.08	27.22	34.89	36.13
12	B.M.E.P	Kn/m^2	0	82.05	164.07	246.18	327.01	409.83
13	I.M.E.P	Kn/m^2	177.06	259.12	341.14	423.25	504.07	586.9
14	EGT	^{0}C	161	191	215	235	239	243

4.3 Caraterísticas de emissão para o pistão de ranhura Rambus:

4.3.1 Emissões de HC (ppm)

Tabela 4.14. Valores de emissão de HC

Potência de travagem	Gasóleo	B20	B20+50ppm	B20+100ppm	B20+150ppm
0	52	55	51	48	50
0.5746	46	47	45	40	46
1.149	39	42	38	35	40
1.724	31	33	31	25	32
2.29	27	30	26	23	29
2.87	28	31	28	22	30

4.3.2 Emissões de CO (ppm)

Tabela 4.15. Valores de emissão de CO

Potência de travagem	Gasóleo	B20	B20+50ppm	B20+100ppm	B20+150ppm
0	0.09	0.12	0.10	0.05	0.09
0.5746	0.06	0.08	0.07	0.02	0.06
1.149	0.07	0.09	0.08	0.02	0.07
1.724	0.05	0.06	0.064	0.01	0.05
2.29	0.046	0.08	0.07	0.01	0.06
2.87	0.06	0.09	0.074	0.02	0.06

4.3.3 Emissões de NOx (ppm)

Tabela 4.16. Valores de emissão de NOx

Potência de travagem	Gasóleo	B20	B20+50ppm	B20+100ppm	B20+150ppm
0	186	147	168	196	177
0.5746	229	194	215	251	229
1.149	445	397	425	455	429
1.724	529	486	514	550	524
2.29	638	603	615	748	636
2.87	641	691	626	863	7s36

CAPÍTULO -5 RESULTADOS E DISCUSSÕES

Os ensaios foram realizados em motores a gasóleo, misturas de gasóleo e Jatropha, misturas de gasóleo e biodiesel com diferentes proporções de nanofluido como aditivo para 50ppm, 100ppm e 150ppm.

Os parâmetros de desempenho e as caraterísticas das emissões são calculados e comparados com o gasóleo puro, a mistura de B20 e a utilização de $Al2O3nanofluido$ como aditivo em diferentes proporções. Os valores obtidos para a eficiência térmica do travão, o consumo específico de combustível e as emissões são calculados e representados em função da potência de travagem.

5.1 Parâmetros de desempenho para o pistão normal:

5.1.1 Eficiência térmica do travão:

O gráfico 1 mostra a variação da eficiência térmica dos travões com a potência de travagem para o gasóleo, B20 e B20+50 ppm, B20+100 ppm e B20+150 ppm de aditivo nanofluido

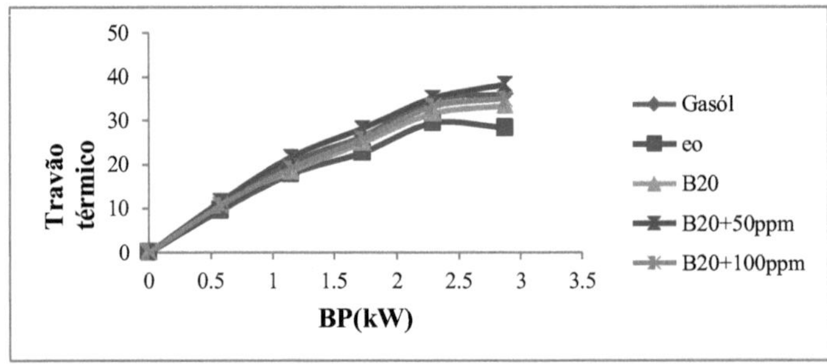

Gráfico 5.1 Variação da eficiência térmica de travagem com a potência de travagem

A eficiência térmica de travagem do B20+100ppm nano aditivo é aumentada em 1,14% e 3,29% em comparação com o diesel e a mistura de biodiesel com 150 ppm, respetivamente. A 100 ppm de mistura de nanopartículas, as caraterísticas de fluxo são melhoradas e, além disso, aumenta a combustão com o oxigénio inerente nas nanopartículas. Mas a 150 ppm de mistura de nano aditivos, com a disponibilidade de mais oxigénio na câmara de combustão, a relação ar/combustível torna-se uma mistura pobre e leva a uma combustão inadequada, pelo que a eficiência térmica de travagem de 150 ppm diminui em comparação com 100 ppm de mistura de nano aditivos.

5.1.2 Consumo específico de combustível no travão:

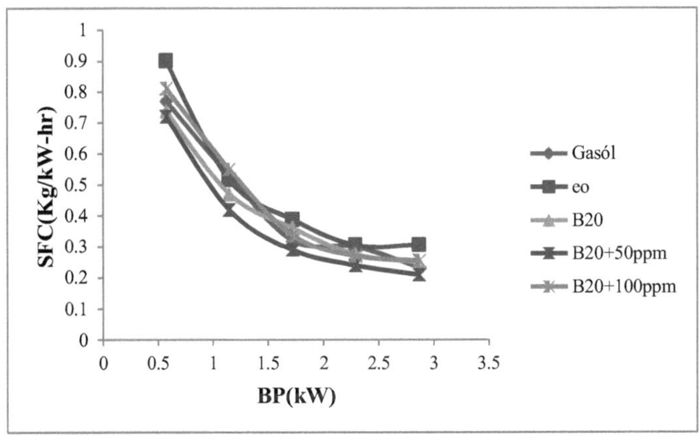

Gráfico 5.2 Variação do consumo específico de combustível com a potência de travagem

O gráfico 2 mostra a variação do consumo específico de combustível com a potência de travagem para o diesel, B20 e com B20 quando adicionado com aditivos. O consumo específico de combustível diminui 2,29% com B20+100ppm em comparação com o gasóleo e diminui 5,9% em comparação com misturas de biodiesel de 150ppm. Com B20+100ppm obtém-se a máxima eficiência térmica de travagem devido à combustão completa. Assim, o consumo específico de combustível diminui, devido à relação inversamente proporcional entre eles. Mas com B20+150ppm, devido a uma combustão inadequada, a eficiência térmica do travão diminui. Por conseguinte, o consumo específico de combustível aumenta em comparação com a mistura de 100 ppm.

5.2 Parâmetros de desempenho do pistão ranhurado Rambus:

5.2.1 Eficiência térmica do travão:

A variação da eficiência térmica do travão com a potência de travagem para a mistura de B20+100ppm nanofluido é apresentada no gráfico 3.

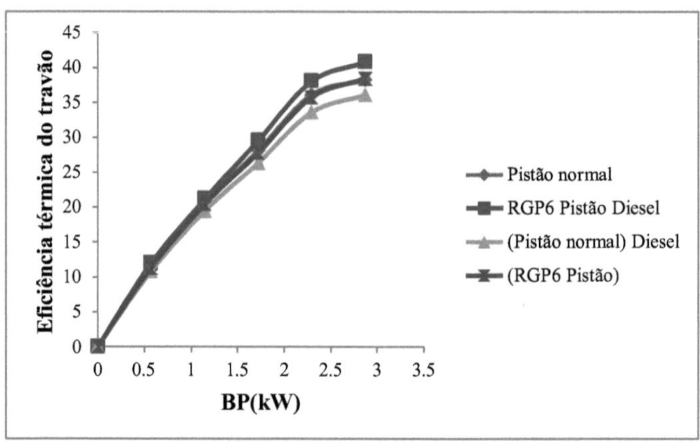

Gráfico 5.3. Variação da eficiência térmica de travagem com a potência de travagem

A eficiência térmica de travagem do pistão ranhurado (pistão RGP6) é aumentada em 5,36% em comparação com o pistão normal. No pistão ranhurado, as caraterísticas de turbulência são melhoradas devido à presença de ranhuras na coroa do pistão e, além disso, melhora a combustão com formação de mistura homogénea e teor de oxigénio no biodiesel em comparação com o pistão normal.

5.2.2   Consumo específico de combustível: A variação do consumo específico de combustível com a potência de travagem para a mistura de B20+100ppm nanofluido.

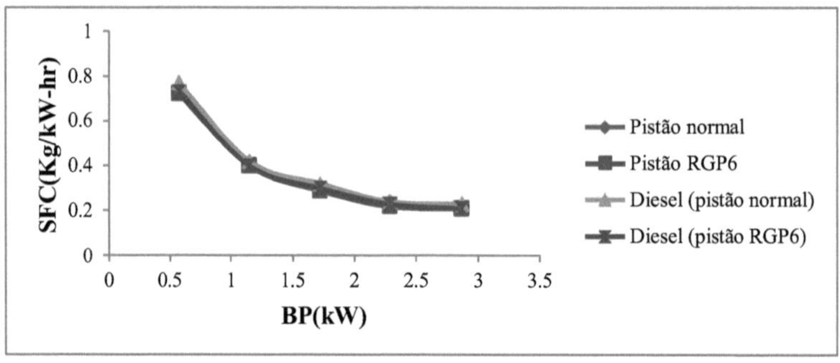

Gráfico 5.4 Variação do consumo específico de combustível com a potência de travagem

O consumo específico de combustível é reduzido em 6,19% e em 4,37% no pistão ranhurado em comparação com o pistão normal e no diesel (pistão RGP6), respetivamente. No pistão ranhurado, devido à combustão completa, a eficiência térmica do travão é máxima. Por conseguinte, todo o combustível na câmara de combustão participa na combustão, pelo que o consumo específico de combustível diminui.

Além disso, com o pistão ranhurado, o peso do pistão é reduzido, o que reduz ainda mais o SFC.

5.3 Caraterísticas de emissão para o pistão normal:

5.3.1   Emissões de HC:

O gráfico 5 mostra a variação das emissões de HC com a potência de travagem para o gasóleo, o B20 e o B20 com aditivo nanofluido em diferentes proporções.

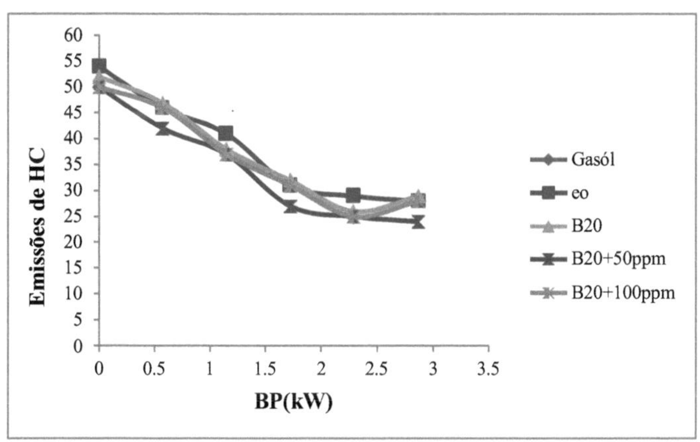

Gráfico 5.5Variação das emissões de HC com a potência de travagem

As emissões de HC são formadas devido a uma combustão incorrecta. As emissões de HC são reduzidas em 16% para B20+100ppm e em 11% em comparação com a mistura de biodiesel e gasóleo B20+150ppm, respetivamente. Com B20+100ppm, a combustão completa tem lugar devido à presença de oxigénio suficiente na câmara de combustão através do nano aditivo, pelo que as emissões de hidrocarbonetos diminuem. Mas com B20+150ppm, devido à combustão incompleta na câmara, em comparação com a mistura de 100ppm, as emissões de hidrocarbonetos aumentam.

5.3.2   Valores de emissões de CO:

O gráfico 6 mostra a variação das emissões de CO com a potência de travagem para o gasóleo, B20 e B20 com aditivo nanofluido em diferentes proporções.

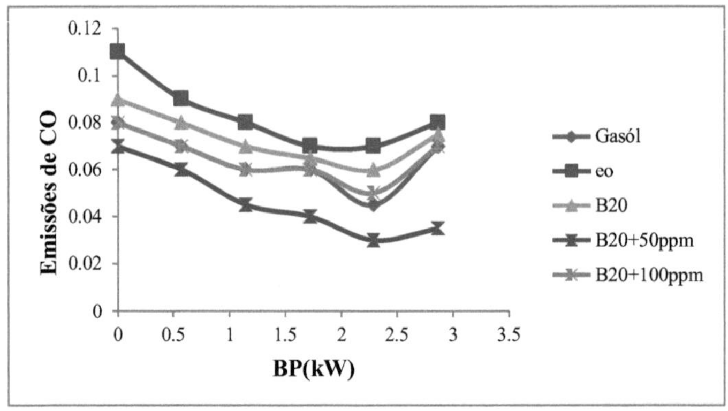

Gráfico 5.6.Variação das emissões de CO com a potência de travagem

A formação de emissões de CO deve-se à falta de oxigénio para a combustão na câmara. No presente trabalho, as emissões de CO diminuem 13% com B20+100ppm em comparação com o gasóleo e 8% com uma mistura de 150ppm de biodiesel. Com B20+100ppm, a mistura ar-combustível é igual à relação estequiométrica ar-combustível, a combustão completa tem lugar na câmara de combustão, pelo que as emissões de CO diminuem em comparação com o gasóleo e com a mistura de 150 ppm de nanoaditivo.

5.3.3   Emissões de NOx:

O gráfico 7 mostra a variação das emissões de NO_x com a potência de travagem para o gasóleo, o B20 e o B20 com aditivo nanofluido em diferentes proporções. No presente trabalho, as emissões de NO_x aumentam 1,3% com B20+100ppm em comparação com o gasóleo e aumentam 3% com B20+150ppm de mistura de biodiesel. Com uma mistura de 100ppm de biodiesel, obtivemos a máxima eficiência térmica do travão. Assim, a temperatura na câmara de combustão também é máxima. Os NO_x dependem da temperatura na câmara de combustão. Assim, nessa mistura de biodiesel, os NO_x aumentam em comparação com o gasóleo e outras misturas de biodiesel.

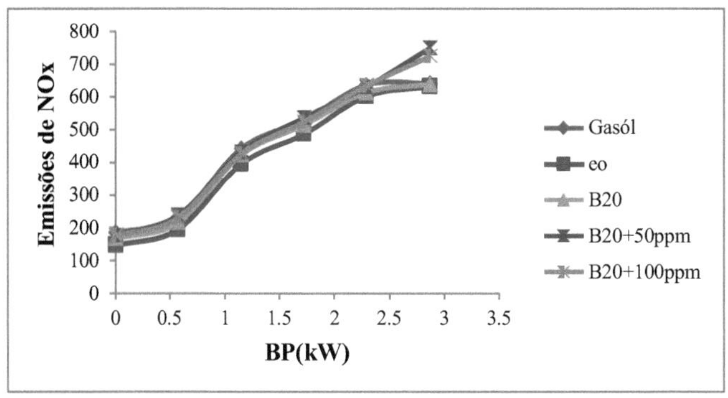

Gráfico 5.7.Variação das emissões de NOx com a potência de travagem

5.4 Caraterísticas de emissão para o pistão ranhurado Rambus:

5.4.1 Emissões de HC:

O gráfico 8 mostra a variação das emissões de HC com a potência de travagem para a mistura de B20+100ppm. As emissões de HC são formadas devido à combustão incompleta.

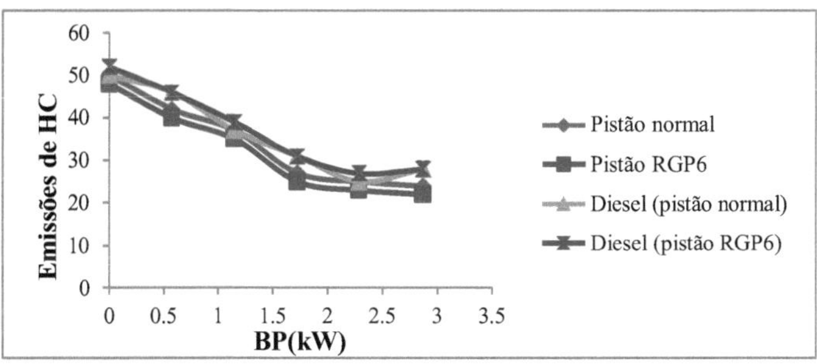

Gráfico 5.8.Variação das emissões de HC com a potência de travagem

No presente trabalho, a formação de emissões de HC deve-se ao arrefecimento das paredes, à mistura incorrecta e à combustão incompleta. Com a turbulência na câmara de combustão, forma-se uma mistura homogénea que leva a uma combustão completa e a temperaturas mais elevadas na câmara. Como há mais oxigénio disponível com o biodiesel, as emissões de HC são reduzidas em 17,85% no pistão ranhurado em comparação com o pistão normal e reduzidas em 14,81% em comparação com o diesel (pistão RGP6).

5.4.2 Emissões de CO:

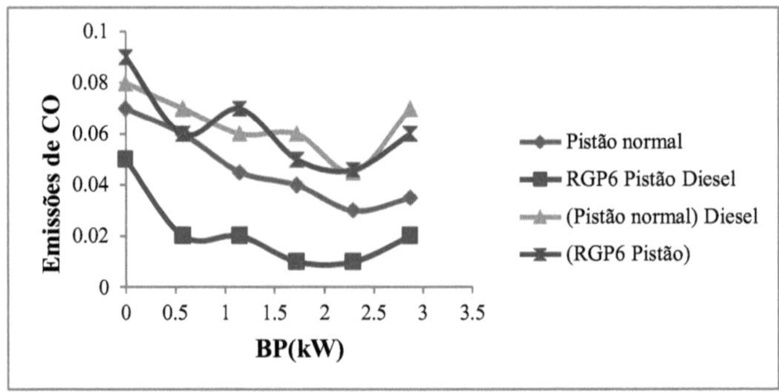

Gráfico 5.9.Variação das emissões de CO com a potência de travagem

A formação de emissões de CO deve-se à combustão incompleta e à falta de oxigénio suficiente no combustível. Com o maior teor de oxigénio inerente no biodiesel, as emissões de monóxido de carbono formadas serão oxidadas e convertidas em gás de dióxido de carbono. Assim, as emissões de CO são reduzidas em 10,7% e em 19% com o pistão ranhurado em comparação com o pistão normal e com o diesel (pistão RGP6), respetivamente. No pistão ranhurado, a relação ar/combustível é igual à relação ar/combustível estequiométrica e, devido à presença de ranhuras na coroa do pistão, o ar torna-se turbulento em toda a câmara de combustão, pelo que a combustão completa tem lugar na câmara de combustão. Assim, as emissões de CO são reduzidas em comparação com o pistão normal.

5.4.3 Emissões de NOx:

O gráfico 10 abaixo mostra o comportamento das emissões de NOx com a alteração da potência de travagem.

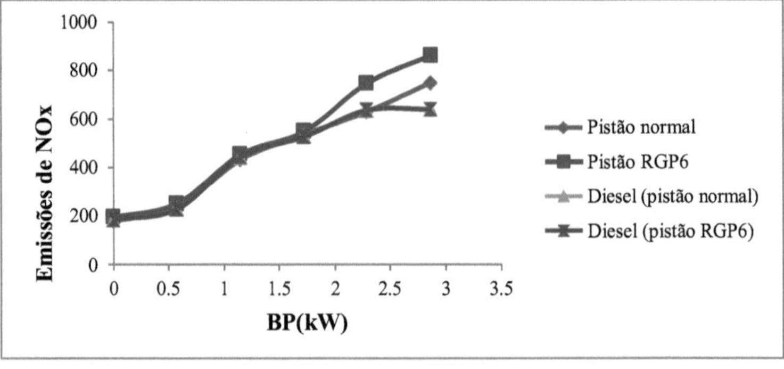

A temperaturas mais baixas, o azoto está inativo porque é um gás inerte e estará ativo a temperaturas mais elevadas. Com o pistão ranhurado, há uma boa turbulência e uma formação homogénea da mistura na câmara de combustão. Por conseguinte, o calor produzido é maior e, com um teor de oxigénio mais elevado, as emissões de NO_x aumentam 2,13% e 4,3% no pistão ranhurado em comparação com o pistão normal e o diesel (pistão RGP6), respetivamente.

CAPÍTULO - 6 CONCLUSÃO

As experiências foram realizadas com biodiesel de Jatropha e Al2O3 como nanofluido, tendo sido estudadas e investigadas as caraterísticas de desempenho e de emissões. As experiências foram realizadas num motor diesel monocilíndrico a quatro tempos, quando o motor foi alimentado com uma mistura de biodiesel de pinhão manso e gasóleo, juntamente com nanofluido de óxido de alumínio como aditivo. A investigação experimental foi feita para a variação das ranhuras do pistão na coroa do pistão e a comparação das caraterísticas de desempenho e emissão foi feita com o pistão normal,

1. A eficiência térmica de travagem aumentou 1,14% e 3,29% em comparação com o gasóleo e a mistura de biodiesel com 150 ppm, respetivamente.

2. O consumo específico de combustível é reduzido em 2,29% em comparação com o gasóleo e também é reduzido em 5,9% em comparação com misturas de 150ppm de biodiesel.

3. A eficiência térmica de travagem aumenta 5,36% e 6,14% em comparação com o pistão normal e o diesel (pistão RGP6), respetivamente.

4. O consumo específico de combustível é reduzido em 6,19% em comparação com o pistão normal e também é reduzido em 4,37% em comparação com o diesel (pistão RGP6).

5. As emissões de HC são reduzidas em 16% em comparação com o gasóleo e também são reduzidas em 11% em comparação com a mistura de biodiesel B20+150ppm.

6. As emissões de CO são reduzidas em 13% em comparação com o gasóleo e também são reduzidas em 8% com uma mistura de 150 ppm de biodiesel.

7. As emissões de NO_x aumentam 1,3% em comparação com o gasóleo e também aumentam 3% com a mistura de biodiesel B20+150ppm.

8. As emissões de HC são reduzidas em 17,85% em comparação com o pistão normal e também são reduzidas em 14,81% em comparação com o diesel (pistão RGP6).

9. As emissões de CO são reduzidas em 10,7% em comparação com o pistão normal e também são reduzidas em 19% no diesel (pistão RGP6).

10. As emissões de NO_x aumentam em 2,13% em comparação com o pistão normal e também aumentam em 4,3% com o diesel (pistão RGP6).

CAPÍTULO - 7 ÂMBITO DOS TRABALHOS FUTUROS

Alguns aspectos são identificados para o futuro com os trabalhos actuais que são mencionados abaixo:

1. É necessário estudar a produção de biodiesel a partir de óleo de Jatropha utilizando outros catalisadores de base heterogénea como MgO, SrO& Zeolites.

2. As caraterísticas de desempenho e de emissões do motor diesel multicilindro a 4 tempos de injeção direta com misturas de biodiesel de Jatropha utilizando nanofluidos como aditivos podem ser realizadas.

3. Podem ser efectuadas as caraterísticas de desempenho e de emissões do motor diesel monocilíndrico a 4 tempos com misturas duplas de biodiesel.

4. O desempenho do motor diesel de taxa de compressão variável pode ser realizado.

5. Além disso, a investigação pode ser efectuada utilizando vários biodieseis, como o óleo de farelo de arroz, de pongâmia, de mahua e de nim, com Al_2O_3

6. Poderá ser efectuada uma investigação mais aprofundada para efetuar uma análise computacional da dinâmica dos fluidos da carga no interior do cilindro.

CAPÍTULO - 8 REFERÊNCIAS

1. S.Karthikeyan, A.Elango e A.Prathima, "Estudo de desempenho e emissões sobre a adição de partículas de óxido de zinco com biodiesel de cera de estearina de pomolina do motor CI". Volume 73, março de 2014, Journal of Scientific & Industrial Research.

2. Puneetvarma,M.P.Sharma, "Performance and emission characteristics of biodiesel fuelled diesel engines" Vol.5, no.1,2015,International Journal of Renewable Energy Research.

3. S.Ghosh, D.Dutta, "Análise do desempenho e das emissões de escape do motor diesel de injeção direta utilizando óleo de pongâmia" Volume 2, número 12, dezembro de 2012, IJETAE.

4. S.Manibharathi, B.Annadurai, R.Chandraprakash, "Investigação experimental do motor de ignição por compressão

desempenho por nanoaditivo em biocombustível" Volume 3, edição 12, dezembro de 2014, IJSETR.

5. AR.Manickam, K.Rajan, N.Manoharan&KR.Senthil Kumar, "Redução das emissões de escape num motor diesel alimentado a biodiesel com o efeito de aditivos oxigenados". Vol 6 no 5 oct-nov 2014,IJET.

6. GhanshyamS.Soni, Prof. Dr. Pravin P. Rathod, Prof. JigishJ.Goswami, "Caraterísticas de desempenho e emissão do motor CI usando misturas de diesel e biodiesel com nanopartículas como aditivo" - Um estudo de revisão. Volume 3, número 4 2015, IJEDR.

7. Suthar Dinesh Kumar L, Dr.RathodPravin P. ,Prof.PatelNikul K. "Performance and emission by effect of fuel additives for CI engine fuelled with blend of biodieseland diesel" - A review study,Vol.3/issue 4/oct-dec,2012/01-04,JERS.

8. K.NanthaGopal,R.Thundil,Karupparaj,VITuniversity,vellore. "Effect of pongamia biodiesel on emission and combustion characteristics of DI compression ignition engine" outubro de 2014,Ain Shams Engineering Journal.

9. M.S.Kumar, A.Ramesh, "An experimental comparision of methods to use methanol and Pongamia oil in a compression ignition engine", Biomass and Bioenergy, Vol.25 2003,309-318.

10. Ganesh D, "Effect of Nano-fuel additive on emission reduction in a Biodiesel fuelled CI engine" IEEE,pp.3453-3459,2011.

11. M. Nagarhalli, V.Nandedkar, K. Mohite, "Caraterísticas de emissão e desempenho do biodiesel de karanja e das suas misturas num motor de ignição por compressão e a sua economia. APRNJ EngApplSci, 5, (2010) 52-6.

12. S.Karthikeyan, A.Elango e A.Prathima.Estudo de desempenho e emissões sobre a adição de partículas de óxido de zinco com biodiesel de cera de estearina de pomolina do motor CI. Volume 73, março de 2014.*Journal of Scientific & Industrial Research.*

13. Puneetvarma,M.P.Sharma. Caraterísticas de desempenho e emissões de motores a gasóleo alimentados a biodiesel. Vol.5, no.1, 2015.International Journal of Renewable Energy Research.

14. S.Ghosh, D.Dutta. Análise do desempenho e das emissões de escape de um motor diesel de injeção direta   motor diesel de injeção direta utilizando óleo de pongâmia. Volume 2, número 12, dezembro de 2012. 2012.Revista Internacional de Tecnologia Emergente e Engenharia Avançada.

15. S.Manibharathi, B.Annadurai, R.Chandraprakash. Investigação experimental de motor de ignição por compressão   desempenho   por nanoaditivo   em biocombustível.Volume   3,   número   12, dezembro 2014. Revista Internacional de Ciência, Engenharia e Tecnologia   Investigação.

16. AR.Manickam, K.Rajan, N.Manoharan&KR.SenthilKumar.Redução das emissões de escape num motor diesel alimentado a biodiesel com o efeito de aditivos oxigenados. Vol 6 no 5 oct- nov 2014.International Journal of Engineering and Technology.

17. GhanshyamS.Soni, Prof. Dr. Pravin P. Rathod, Prof. Jigish J. Goswami. Caraterísticas de desempenho e de emissões do motor de ignição por compressão utilizando misturas de gasóleo e biodiesel com nanopartículas como aditivo. Um estudo de revisão. Volume 3, edição 4 2015. Revista Internacional de Desenvolvimento e Investigação em Engenharia.

18. Suthar Dinesh Kumar L, Dr.RathodPravin P, Prof.PatelNikul K. Desempenho e emissões por efeito de aditivos de combustível para motores de ignição por compressão alimentados com uma mistura de biodiesel e gasóleo. Um estudo de revisão, Vol.3/issue 4/oct-dec,2012/01-04.Journal of Engineering Research and Sciences.

19. K.NanthaGopal,R.Thundil,Karupparaj,VITuniversity,vellore. Efeito do biodiesel de

pongâmia nas caraterísticas de emissão e combustão do motor de ignição por compressão DI. outubro de 2014.Ain Shams Engineering Journal.

20. M.S.Kumar, A.Ramesh. Uma comparação experimental de métodos para usar etanol e óleo de Pongamia num motor de ignição por compressão. Biomass and Bioenergy, Vol.25 2003,309- 318.

21. Ganesh D. Effect of Nano-fuel additive on emission reduction in a Biodiesel fuelled CI engine.Institute of Electrical and Electronics Engineerin.pp.3453- 3459,2011.

22. M. Nagarhalli, V. Nandedkar, K. Mohite. Caraterísticas de emissão e desempenho do biodiesel de karanja e das suas misturas num motor de ignição por compressão e a sua economia.

23. Labeckas.G, Slavinskas.S, Mazeika.M.The effect of ethanol-diesel-biodiesel blends on combustion, performance and emissions of a direct injection diesel engine. Energ Convers Manage (79) 2014:698-720.

24. M.Mofijur, M.G.Rasul, J.Hyde. Desenvolvimentos recentes no desempenho e emissões de motores de combustão interna alimentados com misturas de biodiesel-diesel-etanol. Procedia engenharia 105 (2015) 658-664

.Elseveir ltd.

Printed by Books on Demand GmbH, Norderstedt / Germany